독도와
SCAPIN 677/1

일본 영토의 범위를 정의한 지령

성 삼 제

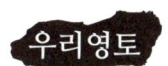

독도와
SCAPIN 677/1

일본 영토의 범위를 정의한 지령

성 삼 제

目次 목 차

서문 독도를 교육하고 연구하는 이유　　　　　　6

1. 일본의 영토 문제　　　　　　17
2. 포츠담선언　　　　　　27
3. SCAPIN　　　　　　33
4. SCAPIN 677, SCAPIN 841　　　　　　39
5. 샌프란시스코강화조약　　　　　　55
6. SCAPIN 677/1　　　　　　67
7. 국제사법재판소　　　　　　79
8. 국방부 군사편찬연구소　　　　　　87
9. 독도가 대한민국 영토인 근거들　　　　　　101

독도와
SCAPIN
677/1

참고자료

    가. 카이로선언   129

    나. 포츠담선언   133

    다. 항복문서 (일본 무조건항복선언 서명 문서)   142

    라. 샌프란시스코강화조약   148

참고문헌   219

서 문

독도를 교육하고 연구하는 이유

　독도는 우리 땅이다. 독도가 우리 땅인 근거는 차고 넘친다. 우리 땅을 지키는 것만이 목적이라면 더 조사하고 연구하지 않아도 될 정도로 증거 자료가 많이 쌓여 있다. 대한민국은 독도를 스스로 지킬 힘이 있는 국가이다. 찾아다니며 독도가 우리 땅임을 설명하지 않아도 된다. 우리나라 초, 중, 고등학교 학생들에게 독도를 교육하고 독도연구를 계속하는 것은 독도를 통하여 더 평화로운 세상을 만들기 위해서이다.
　일본 정부가 제기하는 영토 문제를 보면 일본은 아직도 패전의 트라우마에서 벗어나지 못한 것으로 보인다. 학교에서 학생들 사이에 학교 폭력이 발생하는 것이나 국제사회에서 국가 사이의 갈등을 대화로 해결하지 못하고 전쟁이 일어나는 것은 기본적으로 발생 원인과 진행 경과가 비슷하다. 학교 폭력 피해자 가운데서 폭력을 가장 견디기 힘들어하는 학생은 저학년 때는 가해자였다가 고학년이 되어 피해자가 된 학생이다. 가해의 경험을 갖고 있기 때문에 폭력의 피해를 이해하는 것이 아니라 가해자의 입장에 서지 못하는 것을 잊지 못하고 괴로워한다. 일본 우익이 주축이 되어 만든 역사교과서를 보면 과거 일본이 주변국을 침략하면서 고통을 준 것을 반성하고 사과하는 것이 아니라 한때 아시아, 태평양의 여러 지역으로까지 영토를 넓혔다는 것을 추억하고 있다. 문부성 교과서 검정심사가 세계 시민의 시각에서 이루어졌다면 실리지 못했을 내용이 교과서에 담겨있다.

  독도 문제의 심각성을 알게 된 것은 2001년 일본 역사교과서 왜곡사건이 발생했을 때이다. 당시 필자는 일본역사교과서 왜곡대책반 실무반장에 임명됐다. 학교에서 채택률이 낮은 중소 출판사에서 발간한 사회과 교과서에서 "다케시마(독도)를 한국이 불법 점유하고 있다"고 서술하였다. 당시는 한일 월드컵 공동 개회를 앞두고 있었다. 한국 김대중 대통령과 오부치 일본 수상은 1998년 한일파트너십 선언을 통해 한국과 일본이 미래 지향적인 관계를 만들어가기로 했다. 일본 역사 교과서 분석에 참여한 교수는 앞으로 일본이 평화헌법을 개정하고 전쟁을 할 수 있는 국가가 되면 한일관계를 더 악화시킬 수 있고, 일본 정부는 독도를 일본 국민의 감정을 자극하는 불쏘시개로 사용할 수 있다고 전망했다. 그 이후 각 부처는 독도를 연구하는 전담부서를 두는 등 적극적으로 대응해왔다. 여러 대학과 기관에서 독도에 관한 많은 연구 성과를 축적해 왔다. 이런 와중에 일본이 주장하고 있는 영토 문제의 물줄기를 바꿀 수 있는 자료가 발견되었다.

바로 'SCAPIN 677/1' 이다

1945년 7월 미국, 영국, 중국의 연합국 정상들은 일본의 무조건항복을 요구하는 13개 조항의 포츠담선언을 했다. 포츠담선언 8조에 "연합국은 일본의 영토를 혼슈, 홋카이도, 큐슈, 시코쿠, 그리고 연합국이 결정하는 작은 섬들로 제한할 것이다"라는 구절이 있다. 1945년 8월 15일 일왕은 무조건항복선언을 하고, 외무대신은 9월 2일 포츠담선언과 포츠담선언의 이행 조치를 수용하겠다는 항복문서에 서명했다.

　SCAPIN이란 연합국에 의한 일본 군정 통치 기간 중 연합국최고사령관이 일본 정부에 내린 지령을 말한다. 샌프란시스코강화조약이 발효되기 전까지 2,635개의 지령이 발령되었다. 그중 일본 영토의 범위를 정한 지령은 모두 3개이다. 1946년도에 발령된 2개의 지령에는 독도를 일본 정부와 행정으로부터 분리되는 지역으로 표시하여 일본 영토의 범위에서 제외하였다. 그러나 해당 지령 단서조항에 "이 지령은 포츠담선언 8조의 최종적인 결정과 관련된 연합국 정책의 표시로 고려하면 안 된다"고 되어 있다. 샌프란시스코강화조약 영토조항에는 일본이 포기하는 영토에 독도가 표시되지 않았다. 일본 정부는 이를 근거로, 독도가 일본이 포기하는 영토에 표시되지 않았기 때문에 일본의 영토가 되었다고 주장해 왔다. 당초 샌프란시스코강화조약에는 '일본이 포기하는 영토'와 '일본의 영토'를 함께 표시하기로 하였다. 그러나 북방영토 등의 문제로 샌프란시스코강화조약에서 일본의 영토조항이 삭제되었다.

　SCAPIN 677/1은 포츠담선언 8조의 규정에 따라 일본 영토의 범위를 정한 연합국의 최종 지령이다. 샌프란시스코강화조약이 체결된 이후 1951년 12월 5일 발령되었다. SCAPIN 677과 SCAPIN 841에는 "이 지령은 포츠담선언 8조의 최종적인 결정과 관련된 연합국 정책의 표시로 고려하면 안 된다"는 표현이 있었다. 그러나 SCAPIN 677/1에는 "이 지령은 포츠담선언 8조의 최종적인 결정과 관련된 연합국 정책의 표시로 고려하면 안 된다"는 표현이 없다. 일본이 포기하는 영토는 1951년 9월 8일 체결된 샌프란시스코강화조약 영토조항에 표시되어 있다. 그러나 일본의 영토조항은 강화조약에 표시되지 않았다. 특히 SCAPIN 677과 SCAPIN 841에 따르면 일본 영토로 정의된 영역은 북위 30도 북쪽 지역이다. 그런데 샌프란시스코강화조약에는 북위 29도 이하의 지역이 미국이 신탁통치 하는 지역으로 표시되어 있다. 미국이 신탁통치 하는 지역에서 벗어났다고 자동으로 일본의 영토가 되지는 않는다. 독도와 북방영토 4개 섬은 연합국들 사이에서도 다른 의견이 제시되기도 했다. 연합국총사령부는 이들을 정리할 필요가 있었다. "이 지령은 포츠담선언 8조의 최종적인 결정과 관련된 연합국 정책의 표시로 고려하면 안 된다"는 표현이 없다는 것은 SCAPIN 677/1이 일본 영토의 범위를 정한 연합국의 최종결정이라는 것을 의미한다.

SCAPIN 677/1은 포츠담선언 8조와 관련된 연합국의 최종결정이다. 일본 정부가 이를 일방적으로 부인하기 어렵다. SCAPIN은 미국, 영국, 중국, 소련 등 포츠담선언과 추가 서명한 연합국 4개국뿐 아니라 샌프란시스코강화조약 문안작성 및 SCAPIN 검토에 참여했던 극동위원회 13개국과도 직접적인 관련이 있다.

SCAPIN 677/1은 한국과 일본에 있는 다른 독도 관련 자료들과는 달리 세계 각국의 사람들이 공통으로 인식할 수 있는 자료이다. 특히 해군과 공군은 작전상 외국 군대와 교신하기 위해서 영어를 필수적으로 사용한다. 일본의 법학부 학생이나 로스쿨 학생들도 SCAPIN 677/1의 국제법적 효력을 이해할 수 있다. 최근에 발견된 SCAPIN 677/1은 일본의 학생들과 지식인들을 설득할 수 있는 결정적인 근거자료의 하나가 될 수 있다. 포츠담선언, 일본의 항복서명문서, SCAPIN, 샌프란시스코강화조약 등 태평양 전쟁과 관련된 공부를 하다 보면 일본이 영토 문제를 지금과는 다르게 접근

해야 한다는 것을 알게 될 것이다.

이 책에서는 독도와 북방영토 4개 섬에 대한 일본 정부의 주장을 뒤집을 수 있는 SCAPIN 677/1이 어떤 배경에서 발령되었는지를 차례로 살펴볼 것이다. 포츠담선언에 명시된 일본의 영토와 관련된 조항을 설명하고, 이를 실행하기 위해 발령된 SCAPIN 677과 SCAPIN 841을 차례로 살펴본다. 샌프란시스코강화조약 체결과정에서 영토 문제가 어떻게 처리되었는지도 알아본다. 샌프란시스코강화조약에 일본의 영토조항이 삭제됨으로 SCAPIN 677/1이 발령된 이력도 살펴본다. 독도 문제가 국제사법재판소에서 다루어질 가능성도 점검해 본다. 국방부 군사편찬연구소에서 SCAPIN 677/1을 전후한 전쟁사를 다루어야 하는 이유도 설명하였다. 대화를 통해 평화로 나아가기 위해서는 독도가 대한민국 영토인 근거를 숙지해 둘 필요가 있다.

일본 정부는 2018년 1월 도쿄 히비야 공원 안에 있는 시정회관 지하 1층에 '영토주권전시관'을 개관했다. 그러나 전시관이 접근성이 떨어지고 전시 공간이 비좁은 데다가 내용도

빈약하다는 지적에 따라 기존 전시관 운영을 중단하고 2020년 1월에 도쿄 지요다구 도라노몬에 있는 미쓰이 빌딩에 '영토주권전시관'을 확장하여 재개관했다. 우리 정부는 전시관 확장 이전에 대해 외교부 성명을 내고 강력히 항의하며 즉각적인 폐쇄를 요구했다. 일본 영토문제담당상은 한국 외교부의 항의에 대해 "이해의 차이가 있다면 꼭 전시관을 보고 구체적인 논의를 시작할 수 있으면 좋겠다"고 말했다.

일본 정부의 반응은 이전과는 차이가 있다. 이전에는 "1905년 독도를 시마네현 영토로 편입하여 일본의 고유 영토가 되었다"는 논리를 강하게 반복하였다. 독도(다케시마)가 일본의 영토인 근거를 주장하다가 "논의를 시작할 수 있으면 좋겠다"로 바뀐 것도 그동안 우리 정부 당국이나 학자들이 연구하고 쌓아온 결과가 반영된 것이라고 생각한다. 독도가 한국과 일본 사이에 평화의 디딤돌이 되기를 기대해 본다.

2020년 3월

성 삼 제

01
일본의 영토 문제

01 / 일본의 영토 문제

　독일과 일본은 제2차 세계대전에서 함께 싸웠고 모두 패전국이 되었다. 유럽에서는 독일에 대항해서 미국, 영국, 프랑스, 소련이 연합하여 싸웠고 아시아, 태평양 지역에서는 일본을 상대하여 미국, 영국, 중국, 소련이 연합하여 싸웠다.

　독일이 1945년 5월 8일에 먼저 항복했다. 독일의 영토는 1945년 8월 2일 독일 포츠담에서 미국, 영국, 소련의 정상들이 모여 한나절 만에 해체되었다. 알사스-로렌 지역은 프랑스의 영토가 되었고 쾨니히스베르크 지역은 소련에 이양되었다. 폴란드 동부지역을 소련의 영토로 하고 대신 독일 동부지역이 폴란드의 영토가 되었다. 전쟁 전 독일의 본래 영토는 형체를 알아보기 어려울 정도로 축소되었다.

일본은 1945년 8월 15일 항복했다. 일본의 영토를 잠정적으로 정한 연합국의 조치는 1946년 1월 29일에 있었다. 이때의 조치에 따라 독도와 북방영토 4개 섬과 쿠릴 열도는 일본 정부와 행정상으로 분리되었다. 연합국에 의한 약 6년간의 군정 통치를 거쳐 연합국과 일본은 1951년 9월 8일 샌프란시스코에서 강화조약을 체결하였다. 그런데 1946년 1월 29일 일본으로부터 정부와 행정상으로 분리되었던 독도와 북방영토의 섬들이 강화조약 영토조항에서 일본이 포기하는 영토에 표시되지 않았다. 일본은 독도와 북방영토 섬이 샌프란시스코강화조약에서 포기하는 영토로 표시되지 않았기 때문에 일본의 영토가 되었다고 주장해 왔다. 그런데 독도와 북방영토 4개 섬에 대한 일본 정부의 주장을 뒤집을 수 있는 결정적인 자료가 발견된 것이다(성삼제, 2016, 《독도가 대한민국 영토인 이유》).

SCAPIN 677/1

SCAPIN이란 일본이 1945년 9월 2일 항복 선언문서에 서명한 날부터 1952년 4월 27일 샌프란시스코강화조약이 발효되기 전날까지 연합국최고사령관(SCAP)이 일본 정부에 내린 지령(Instruction)을 말한다. 연합국에 의한 일본 군정 통치 기간 중 총 2,635개의 지령이 발령되었다. 이중 일본의 영토와 관련된 지령은 3개이다. 지령 SCAPIN 677과 SCAPIN 841은 샌프란시스코강화조약이 체결되기 이전에 발령되었고 SCAPIN 677/1은 샌프란시스코강화조약이 체결된 뒤에 발령되었다. 마지막 지령은 연합국이 포츠담선언 8조에 따라 최종적으로 독도를 대한민국의 영토로, 북방영토 4개 섬을 소련의 영토로 결정한 것이다.

전쟁이 끝나면 승전국과 패전국 사이에 강화조약을 체결한다. 강화조약의 주요 목적의 하나는 패전국의 영토를 확정하는 것이다. 샌프란시스코강화조약 초안 작성과정에는 '일본이 포기하는 영토' 조항과 '일본의 영토' 조항이 함께 있었다. 독도를 일본의 영토로 하려는 일본의 주장에 미국이 동조했다. 그러나 연합국 중 영국, 호주, 뉴질랜드는 독도가 한국의 영토가 되어야 한다고 주장했다. 호주는 대한민국 정부 승인 안을 UN에 제출한 국가 중 하나이다. 1948년 12월 12일 UN은 대한민국 정부를 승인했다.

샌프란시스코강화조약에는 일본이 포기하는 영토에 제주도, 울릉도는 표시되어 있으나 독도는 표시되어 있지 않다.

그렇다고 독도가 일본의 영토가 되지는 않는다. 오히려 일본의 영토조항이 샌프란시스코강화조약에서 삭제되었다.

쿠릴열도와 북방영토 4개 섬

 연합국은 카이로선언(1943. 11. 27)과 포츠담선언(1945. 7. 26)을 통해 일본이 침략으로 획득한 영토를 박탈하겠다고 강

력한 의사를 표명했다. 다른 한편으로 연합국은 영토 확장의 의도가 없다는 것도 밝혔다. 연합국이 카이로선언과 포츠담선언을 엄격하게 적용하면 쿠릴 열도는 일본에 돌려주어야 한다. 쿠릴 열도는 일본이 침략으로 획득한 영토가 아니라 러시아와 평화로운 조약을 통해 일본의 영토가 된 섬들이다. 소련의 입장으로 보면 일본과의 전쟁에서는 커다란 희생을 하지 않고서도 러일전쟁 때 잃어버린 사할린 섬을 되찾았다. 게다가 캄차카 반도에서 이어지는 광대한 해역의 쿠릴 열도를 얻었다. 북방영토 4개 섬 정도는 일본에 돌려주더라도 큰 손해가 아니다. 그런데도 소련은 샌프란시스코강화조약에 서명하지 않았다.

오키나와 센카쿠 열도

일본의 입장에서 보면 카이로선언과 포츠담선언에 표시된 영토 기준에 따라 오키나와는 독립국으로 하든지 아니면 일본에 돌려주어야 했다. 그러나 샌프란시스코강화조약에서는 오키나와를 포함한 광대한 태평양의 섬들이 미국을 유일한 통치 당국으로 하는 신탁통치 지역으로 설정되었다. 신탁통

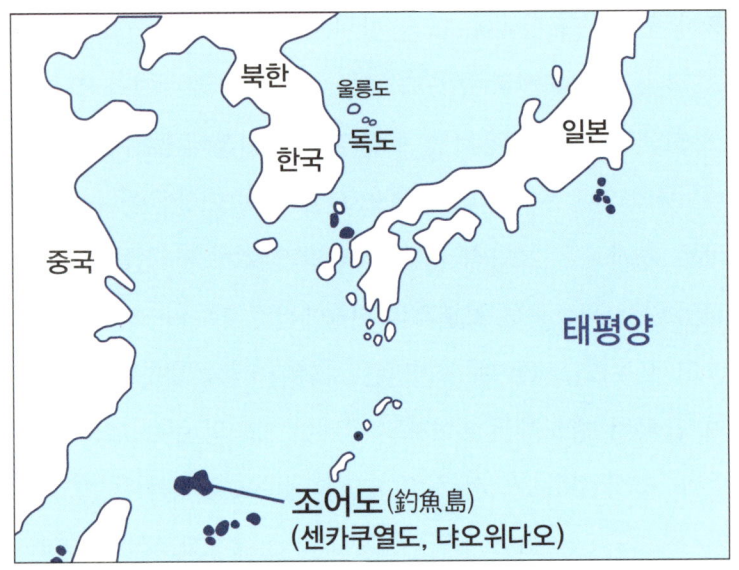

치 지역의 운명이 어떻게 될지 당시로는 가늠하기 어려웠다.

불안해진 일본 국경선

샌프란시스코강화조약 어디에도 독도와 북방영토 4개 섬이 일본의 영토라고 표시되어 있지 않다. 일본은 대한민국과 러시아에 강화조약을 근거로 이 섬들을 자신의 영토라고 주장할 수 없다. 왜냐하면 강화조약은 조약에 서명한 당사자 국가 사이에만 효력이 있기 때문이다. 일본은 바다로 접하고 있는 가장 가까운 국가인 대한민국, 소련, 중국과는 강화조약을 체결하지 못했다.

  소련은 포츠담선언에 참여한 4개 연합국 중의 한 국가이다. 일본과 강화조약이 체결되지 않으면 소련은 전승국, 일본은 패전국이라는 국제법상 지위가 그대로 계속된다. 북방영토 4개 섬은 물론이고 일본의 배들이 사할린이나 쿠릴 열도로 항해하는 것도 봉쇄할 수 있다.

  대한민국은 UN의 승인을 받았다. 자국의 주권을 스스로 지킬 국제법상 지위가 보장되었다. 이승만 대통령은 독도는 물론이고 대마도 반환을 지속으로 요구했다. 미국으로서는 동맹국 대한민국과 앞으로 미국과 동맹이 될 일본과의 관계를 정리할 필요가 있었다.

  SCAPIN 677/1을 추가로 발령할 필요가 있었던 지역은 오키나와를 비롯한 미국의 신탁통치 지역이다. 중국은 두 개의 나라가 되었다. 중국은 포츠담선언에 참여한 연합국이다. 일본으로부터 가장 피해를 본 국가 중 하나이다. 어느 중국이든 오키나와를 반환해 달라고 요구할 수 있고 오키나와의 독립을 요구할 수도 있다. 연합국총사령부(GHQ)가 샌프란시스코강화조약이 체결된 후인 1951년 12월 5일에 포츠담선언 8조를 이행하는 SCAPIN 677/1을 발령한 배경이다.

SCAPIN 677/1 파급 효과

대한민국과 일본에 있는 역사적, 지리적 자료들과는 달리 SCAPIN 677/1은 포츠담선언과 직접 관련된 미국, 영국, 중국, 러시아 4개국 연합국과 호주 등을 비롯한 극동위원회에 소속된 여러 국가와도 관련이 있다. 일본이 SCAPIN 677/1의 국제법상 효력을 부인하려고 해도 쉽지 않다.

CAPIN-677/1 GOVERNMENTAL AND ADMINISTRATIVE SEPARATION
OF CERTAIN OUTLYING AREAS FROM JAPAN

GENERAL HEADQUARTERS
SUPREME COMMANDER FOR THE ALLIED POWERS

AG 091 (29 Jan 46) GS　　　　　　　　　　　　　　　　　　APO 500
CAPIN-677/1　　　　　　　　　　　　　　　　　　　　　5 December

MEMORANDUM FOR: IMPERIAL JAPANESE GOVERNMENT
THROUGH:

Subject:

1. Reference:
   a. Memorandum for the Japanese Government, AG 091 (29 Jan 46) GS (SCAPIN-677), 29 January 1946, subject "Governmental and Administrative Separation of Certain Outlying Areas from Japan".
   b. Memorandum for the Japanese Government, AG 091 (22 Mar 46) GS (SCAPIN-841), 22 March 1946, subject "Governmental and Administrative Separation of Certain Outlying Areas from Japan".

2. Paragraph 3 of reference a, as amended by reference b, is further amended so that the Ryukyu (Nansei) Islands north of 29° north latitude are included within the area defined as Japan for the purpose of that directive.

3. The Japanese Government is directed to resume governmental and administrative jurisdiction over these islands, subject to the authority of the Supreme Commander for the Allied Powers.

FOR THE SUPREME COMMANDER:

H.W.Allen
Colonel,A.G
Asst Adjutant G

02
포츠담 선언

02/포츠담선언

    일본이 제기하는 영토 문제는 1945년 7월 26일 독일 포츠담에서 미국, 영국, 중국 정상들이 모여 일본의 무조건항복을 요구하는, 13개 조항으로 이루어진 포츠담선언과 직접적인 관련이 있다. 포츠담선언의 13개 주요 내용은 다음과 같다.

1. 미국 대통령, 중국 총통, 영국 수상은 국민을 대표하여 일본이 전쟁을 끝낼 기회를 준다.
2. 일본이 전쟁을 멈출 때까지 전쟁을 지속한다는 연합국 전체의 결의에 따라 군사력을 유지하고 강화할 것이다.
3. 계속해서 저항할 경우 일본 군대와 일본 국토는 완전히 파괴될 것이다.

4. 일본은 군국주의자들에 의하여 계속 통제될 것인지를 결정해야 한다.
5. 다른 대안은 없으며 연합군은 지체하지 않을 것이다.
6. 일본인들을 잘못 이끈 책임 있는 사람들과 당국은 제거될 것이다.
7. 일본에서 전쟁을 만든 세력들이 파괴되었다는 설득력 있는 증거가 있을 때까지 연합군은 일본 영토를 점령한다.
8. 카이로선언은 이행되어야 하며, 일본의 주권은 혼슈, 홋카이도, 큐슈, 시코쿠, 그리고 연합국이 결정하는 작은 섬들로 제한될 것이다.
9. 일본 군대는 무장해제 될 것이며, 군인들은 자신의 집으로 가서 평화롭고 생산적인 삶을 영위 하는 것이 보장될 것이다.
10. 연합국은 일본을 노예로 삼을 의도가 없으나 전범들에게는 엄격한 심판을 내릴 것이다. 일본인에게 언론, 종교, 사상의 자유를 갖게 할 것이며 기본적인 인권을 보장할 것이다.
11. 일본의 산업 활동은 허용하되 군수 활동은 금지될 것이다.
12. 상기 목적이 달성될 때 연합군은 철수할 것이다.
13. 일본 정부가 무조건 항복하지 않으면 신속하고 완전한 파괴를 할 것이다.

포츠담회담장

　1945년 8월 2일 미국, 영국, 소련의 정상들은 포츠담에서 독일의 영토를 확정하였다. 독일의 동부 국경선을 오데르-나이세 선으로 정하고 폴란드 동부지역을 소련의 영토로 편입시켰다. 독일 동부지역을 폴란드 영토로 변경하였다. 독일 동부지역에 살던 독일 주민들은 서부지역으로 강제 이주하였고 폴란드 서부지역에 있던 주민들은 독일 지역으로 옮겨야 했다. 알사스-로렌 지역은 프랑스의 영토가 되었다. 전쟁을 시작하기 전 독일의 영토는 형체를 찾아보기 어려웠다. 독일의 영토를 해체하고 새로운 국경선을 긋는 작업이 한나절에 이루어진 것이다.

일본의 영토에 대해서도 연합국은 명쾌하게 입장을 정했다. 영토와 관련 있는 것은 포츠담선언 8조이다.

"카이로선언은 이행되어야 하며, 일본의 주권은 혼슈, 홋카이도, 큐슈, 시코쿠, 그리고 연합국이 결정하는 작은 섬들로 제한될 것이다."

일본의 영토주권이 배제되는 지역을 연합국이 구체적으로 결정하겠다고 선언했다. 카이로선언은 1943년 11월 27일 이집트 카이로에서 미국, 영국, 중국 정상들이 모여 결정한 선언이다. 카이로선언에서는 한국을 정당한 절차에 따라 독립시킬 것을 표명하면서 "세 연합국은 일본의 침략을 제지하고 응징하기 위해 이 전쟁을 치르고 있다. 그들은 그들 자신의 이익을 위해 노력하지 않으며, 또한 영토 팽창을 위한 야심도 갖고 있지 않다"고 규정하고 있다.

CAPIN-677/1: GOVERNMENTAL AND ADMINISTRATIVE SEPARATION
OF CERTAIN OUTLYING AREAS FROM JAPAN

GENERAL HEADQUARTERS
SUPREME COMMANDER FOR THE ALLIED POWERS

AG 091 (29 Jan 46) GS   APO 500
CAPIN-677/1   5 December

MEMORANDUM FOR   IMPERIAL JAPANESE GOVERNMENT.

THROUGH :

Subject :

Reference :

a. Memorandum for the Japanese Government, AG 091 (29 Jan 46) GS (SCAPIN-677), 29 January 1946, subject, "Governmental and Administrative Separation of Certain Outlying Areas from Japan".

b. Memorandum for the Japanese Government, AG 091 (22 Mar 46) GS (SCAPIN-841), 22 March 1946, subject, "Governmental and Administrative Separation of Certain Outlying Areas from Japan";

1. Paragraph 3 of reference a, as amended by reference b, is further amended so that the Ryukyu (Nansei) Islands north of 29° north latitude are included within the area defined as Japan for the purpose of that directive.

2. The Japanese Government is directed to resume governmental and administrative jurisdiction over these islands, subject to the authority of the Supreme Commander for the Allied Powers.

FOR THE SUPREME COMMANDER:

H.W.Allen
Colonel,A.G
Asst Adjutant G

03
SCAPIN

03 / SCAPIN

연합국최고사령관(SCAP)

미국 트루먼 대통령은 1945년 8월 13일 미국 태평양육군사령관 맥아더 장군에게 포츠담선언의 항복 조건을 이행할 권한을 부여하자고 영국, 중국, 소련의 연합국에게 제안하여 동의를 얻었다. 8월 15일 일왕이 무조건항복 선언을 하자 트루먼 대통령은 맥아더 장군을 연합국최고사령관(SCAP : Supreme Commander for the Allied Powers)에 임명하였다. 연합국최고사령관 총사령부(GHQ : General Headquarters)는 1945년 10월 2일에 설치되었다.

맥아더 초대 연합국최고사령관과 일왕이 함께 찍은 사진은 일본인들에게는 커다란 충격을 주었다. 일본인들은 일왕을 살아있는 신으로 알고 있었다. 점령군 사령관은 뒷짐을 지고 일왕은 손을 가지런히 하고 사진을 찍었다. 일본이 전쟁에서 패했다는 것을 일본인들이 실감할 수 있는 사진으로 기록되었다.

일왕과 맥아더 연합국최고사령관

SCAPIN

　연합국최고사령관 지령(SCAPIN : Supreme Commander for the Allied Powers Instruction)이란 연합국최고사령관이 일본 정부에 내린 지령을 말한다. 연합국최고사령관은 지령 외에도 명령, 섹션 메모(section memo), 구두 명령, 시사(suggestion) 등의 형식으로 일본 정부에 지시하였다. 지령은 연합국최고사령관이 일본 정부에 행사하는 가장 높은 수준의 지시이다. 연합국최고사령관이 연합국최고사령관 지령으로 일본 정부에 지시하면 일본 정부는 책임을 지고 이를 이행하였다. 법률이나 정령(政令)을 제정해야 하는 것은 법률이나 정령을 제정 또는 개정한 후 이를 연합국총사령부(GHQ)에 보고하였다. 지방자치단체에서 해야 할 일은 일본 정부가 직접 SCAPIN을 지시, 통첩의 형태로 공문을 보내고 이행 사항을 연합국총사령부에 보고했다.

　연합국의 일본 군정 통치 기간 중 발령된 SCAPIN은 모두 2,635개이다. SCAPIN 1은 일본이 항복문서에 서명한 당일인 1945년 9월 2일 내려진 '연합국최고사령관 일반명령 1호'이다. 맨 마지막 지령은 SCAPIN 2204이다. 샌프란시스코강화조약이 발효되기 직전인 1952년 4월 26일 내려진 것으로 '스위스 화폐 교환에 관한 각서'이다. 이미 샌프란시스코강화조약이 체결되었고 조약 발효를 이틀 앞둔 시점에 그다지 중요해 보이지 않는 스위스 화폐 교환에 관한 것을 SCAPIN으로 발령할 정도로 연합국총사령부(GHQ)에 근무한 군인들은 끝까지 치밀하게 일했다.

맨 마지막 지령번호가 2204호인데 지령 총 개수가 2,635개인 것은 지령을 발령할 때마다 새 번호를 부여한 것이 아니라 이미 발령한 지령과 관련된 것으로 약간의 수정이나 보완을 한 것은 원래 번호에 추가번호를 부여하였기 때문이다.

독도와 관련된 지령 SCAPIN 677은 1946년 1월 29일 발령된 것인데 샌프란시스코강화조약 체결 이후인 1951년 12월 5일에 이와 관련된 SCAPIN 677/1은 SCAPIN 677을 수정한 것이다.

04
SCAPIN 677, SCAPIN 841

04/SCAPIN 677, SCAPIN 841

SCAPIN 677

 연합국최고사령관 지령 중 포츠담선언 8조와 관련된 지령은 SCAPIN 677, SCAPIN 841, SCAPIN 677/1이다. 이중 최초의 지령은 1946년 1월 29일 발령된 SCAPIN 677이다. 지령 전문은 다음과 같다.

연합국총사령부
연합국최고사령관

AG 091(29 Jan 46) GS　　　　　　　　　　1946년 1월 29일

SCAPIN677

일본제국 정부에 주는 지령

경 유 : 동경 중앙 연락실

제 목 : 일본 외곽 지역에 대한 일본으로부터 정부 및 행정의 분리

1. 일본 외부의 특정 지역 또는 동 특정 지역 내 정부 공무원 및 고용원 또는 기타 사람들에 대한 정부 또는 행정적 권위의 행사 또는 행사 시도의 종결을 일본 정부에 지시한다.
2. 본 총사령부의 승인을 받은 경우를 제외하고, 일본제국 정부는 승인된 해상 운송, 통신 및 기상 서비스에 관한 통상적 운영 외에는 일본 외부에 있는 정부 공무원 및 고

용원과 기타 어떤 사람과 통신을 해서는 안 된다.

3. 본 지령의 목적상 일본은 일본의 4개 도서(홋카이도, 혼슈, 큐슈 및 시코쿠)와 대마도를 포함한 약 1,000개의 인접한 보다 작은 도서들과 북위 30도의 북쪽 유구(난세이) 열도(구찌노시마 도서 제외)로 한정되며

   (a) 우쓰로(울릉)도, 리앙쿠르 암석(다케시마) 및 파트(사이슈 또는 제주도)

   (b) 북위 30도 이남 유구(난세이) 열도(구찌노시마 섬 포함), 이즈, 난포, 보닌 (오가사와라) 및 화산(오시가시 또는 오아가리) 군도 및 파레스 벨라(오키노도리), 마아카스(미나미도리) 및 간지스(나까노도리) 도서들과

   (c) 쿠릴(지시마) 열도, 하보마이(수우이쇼, 유리, 아끼유리, 시보스 및 다라쿠 도서들을 포함하는 하보마쓰 군도)와 시코탄 섬을 제외한다.

4. 일본제국 정부의 정부 및 행정적 관할로부터 특별히 제외된 이에 더한 지역은 다음과 같다.

   (a) 1914년 제1차 세계대전 개시 이래 신탁통치 또는 기타로 일본이 점령했거나 탈취한 모든 태평양의 도서들

(b) 만주, 대만 및 패스카도어 섬

(c) 한국(Korea)

(d) 가라후도(화태)

5. 본 지령 내에 들어있는 일본의 정의는 다른 지령에서 특별히 규정하지 않는 한 본 총사령부에서 발동하는 장차의 모든 지령, 각서 및 명령에도 적용된다.

6. 본 지령 내의 어떤 것도 '포츠담선언'(8)에 언급된 작은 도서들에 관한 최종적 결정에 관련된 연합국 정책의 표시로서 고려되어서는 안 된다.

7. 일본제국 정부는 본 지령 내에 서술된 것 외의 지역을 관장하는 일본 내의 모든 정부 기관에 관한 보고서를 작성하여 본 최고사령부에 제출하여야 한다.

8. 위 7항에 언급된 정부 기관에 관한 모든 기록은 보존되어서 본 사령부의 감사를 받을 수 있게 되어 있어야 한다.

연합국최고사령관을 대리하여

H.W.Allen

Colonel, A.G.D.

Asst Adjutant General

GENERAL HEADQUARTERS
SUPREME COMMANDER FOR THE ALLIED POWERS

AG 091 (29 Jan 46)GS
(SCAPIN - 677)

APO 500
29 January 1946

MEMORANDUM FOR: IMPERIAL JAPANESE GOVERNMENT.

THROUGH : Central Liaison Office, Tokyo.

SUBJECT : Governmental and Administrative Separation of Certain Outlying Areas from Japan.

1. The Imperial Japanese Government is directed to cease exercising, or attempting to exercise, governmental or administrative authority over any area outside of Japan, or over any government officials and employees or any other persons within such areas.

2. Except as authorized by this Headquarters, the Imperial Japanese Government will not communicate with government officials and employees or with any other persons outside of Japan for any purpose other than the routine operation of authorized shipping, communications and weather services.

3. For the purpose of this directive, Japan is defined to include the four main islands of Japan (Hokkaido, Honshu, Kyushu and Shikoku) and the approximately 1,000 smaller adjacent islands, including the Tsushima Islands and the Ryukyu (Nansei) Islands north of 30° North Latitude (excluding Kuchinoshima Island); and excluding (a) Utsuryo (Ullung) Island, Liancourt Rocks (Take Island) and Quelpart (Saishu or Cheju) Island, (b) the Ryukyu (Nansei) Islands south of 30° North Latitude (including Kuchinoshima Island), the Izu, Nanpo, Bonin (Ogasawara) and Volcano (Kazan or Iwo) Island Groups, and all other outlying Pacific Islands /including the Daito (Ohigashi or Oagari) Island Group, and Parece Vela (Okino-tori), Marcus (Minami-tori) and Ganges (Nakano-tori) Islands_7, and (c) the Kurile (Chishima) Islands, the Habomai (Hapomaze) Island Group (including Suisho, Yuri, Akiyuri, Shibotsu and Taraku Islands) and Shikotan Island.

4. Further areas specifically excluded from the governmental and administrative jurisdiction of the Imperial Japanese Government are the following: (a) all Pacific Islands acquired or occupied under mandate or otherwise by Japan since the beginning of the World War in 1914, (b) Manchuria, Formosa and the Pescadores, (c) Korea, and (d) Karafuto.

BASIC: Memo, GHQ SCAP, file AG 091 (29 Jan 46)GS (SCAPIN 667) dtd 29 Jan '46, subj: "Governmental and Administrative Separation of Certain Outlying Areas from Japan", to IJG

5. The definition of Japan contained in this directive shall also apply to all future directives, memoranda and orders from this Headquarters unless otherwise specified therein.

6. Nothing in this directive shall be construed as an indication of Allied policy relating to the ultimate determination of the minor islands referred to in Article 8 of the Potsdam Declaration.

7. The Imperial Japanese Government will prepare and submit to this Headquarters a report of all governmental agencies in Japan the functions of which pertain to areas outside of Japan as defined in this directive. Such report will include a statement of the functions, organization and personnel of each of the agencies concerned.

8. All records of the agencies referred to in paragraph 7 above will be preserved and kept available for inspection by this Headquarters.

FOR THE SUPREME COMMANDER:

H. W. ALLEN,
Colonel, AGD.
Asst Adjutant General.

SCAPIN 677은 포츠담선언 관련 규정

연합국이 일본 점령 기간 중 발령한 SCAPIN 2,635개 지령 중 본문에 포츠담선언(Potsdam Declaration) 단어가 들어가 있는 것은 모두 8개이다.

표1. 연합국최고사령관지령 중 포츠담선언 관련 사항

번 호	발령 일자	지령 내용	포츠담선언 관련 사항
SCAPIN 550	1946. 1. 4.	관공서로부터 부적격자 퇴출	포츠담선언 6조
SCAPIN 582	1946. 1.11.	일본군 무장해제	포츠담선언 3조
SCAPIN 677	1946. 1.29.	일본 외곽 지역에 대한 일본으로부터의 정부 및 행정의 분리	포츠담선언 8조
SCAPIN 841	1946. 3.22.	일본 외곽 지역에 대한 일본으로부터의 정부 및 행정의 분리	포츠담선언 8조
SCAPIN 1007	1946. 6. 8.	임명직 시장의 사퇴 및 축출	포츠담선언 6조
SCAPIN 1238/1	1949. 3.11.	제한된 회사의 관리 규칙 개정	포츠담선언 11조
SCAPIN 1923	1948. 7.29.	지정된 회사의 과도한 경제력 집중 제한 등에 관한 조치	포츠담선언 11조
SCAPIN 1983	1949. 3.10.	제한된 회사의 규칙에 관한 각서	포츠담선언 11조

SCAPIN 677은 포츠담선언 8조와 관련이 있다. 포츠담선언 8조는 "일본의 주권은 혼슈, 홋카이도, 큐슈, 시코쿠, 그리고 연합국이 결정하는 작은 섬들로 제한될 것이다"라고 규

정하고 있다. SCAPIN 677은 연합국이 일본의 영토를 제한하기 위해 발령한 지령이다. 이 지령으로 한국과 울릉도, 독도, 제주도는 일본에서 분리되었다. 이 지령 6번에는

"본 지령 내의 어떤 것도 '포츠담선언'(8)에 언급된 작은 도서들에 관한 최종적 결정에 관련된 연합국 정책의 표시로서 고려되어서는 안 된다."

라고 규정하고 있다. 이는 '최종적인 결정'이 아니라는 것을 의미하는 것이고 포츠담선언 8조와 관련된 지령임을 명확하게 한 것이다.

SCAPIN 1033의 경우

SCAPIN 677과 더불어 가장 많이 인용되는 지령은 SCAPIN 1033이다. 1946년 6월 22일 발령된 SCAPIN 1033은 '일본 어업 및 포경업 승인 지역'에 관한 지령이다. 이 지령은 SCAPIN 677과 지역이 일치한다. 그러나 SCAPIN 677은 일본의 영토를 제한하는 지령이고 SCAPIN 1033은 어업과 포경업 승인 지역

이다. SCAPIN 1033에도 단서 규정을 두고 있다.

"본 승인은 국민적 관할권, 국제적 경계 또는 관계구역이나 기타 어떤 구역 내의 어업권에 대한 최종적 결정과 관련된 연합국 정책의 한 표현은 아니다."

SCAPIN 1033은 일본의 어업이나 포경업 승인에 관한 것이고 SCAPIN 677은 포츠담선언 8조에 규정한 일본의 영토를 제한하기 위한 지령이다.

일본의 정의

주목되는 내용은 '일본의 정의'가 SCAPIN 677에 내려져 있다는 것이다. "일본은 홋카이도, 혼슈, 큐슈 및 시코쿠와 대마도를 포함한 약 1,000개의 인접한 보다 작은 도서들과 북위 30도의 북쪽 유구 열도로 한정"된다는 것이다. 울릉도, 독도, 제주도와 한국이 일본에서 분리되는 지역으로 표시되어 있다. 일본의 정의가 적용되는 범위를 분명히 규정하고 있다. "다른 지령에서 특별히 규정하지 않는 한 본 총사령부에서 발동하는 장차의 모든 지령, 각서 및 명령에도 적용된다"고 분명히 하고 있다.

SCAPIN 841

포츠담선언 8조 일본의 영토 제한과 관련된 두 번째 지령은 1946년 3월 22일 SCAPIN 841로 발령되었다. 전문은 다음과 같다.

연합국총사령부
연합국최고사령관

AG 091(22 Mar 46) GS   1946년 3월 22일

SCAPIN841

일본제국 정부에 주는 지령
경 유 : 동경 중앙 연락실
제 목 : 일본 외곽 지역에 대한 일본으로부터 정부 및 행정의 분리

1. 관련 문건은 다음과 같다:
   a. 일본 정부에 주는 각서 AG 091(29 Jan. 46) GS (SCAPIN-677), 제목 : "일본 외곽 지역에 대한 일본으로부터 정부 및 행정의 분리"
   b. 일본 정부로부터 온 각서 C. L. O. No. 918 (1.1) of 26 February 1946, subject, "이즈 제도(Izu Islands)의 지위에 대한 요청"
2. 관련 문건의 3절에 있는 "a" 중 이즈 제도(Izu Islands), 난포섬 북부(Nanpo Islands north), 소프간(Sofu Gan)을 일본의 정의에 포함시킨다.
3. 연합국최고사령관 권한에 의하여 위 지역에 대한 일본 정부의 정부와 행정 권한을 회복한다.
4. 본 지령 내의 어떤 것도 '포츠담선언'(8)에 언급된 작은 도서들에 관한 최종적 결정에 관련된 연합국 정책의 표시로서 고려되어서는 안 된다.

연합국최고사령관을 대리하여
B.M.FICHI
Brigadiar General, AGD,
Adjutant General

SCAPIN 841은 일본종전연락중앙사무국(C. L. O. : Central Liasion Office)을 통하여 접수된 각서, 즉 SCAPIN 677에서 일본의 정부와 행정이 배제된 이즈 제도 등을 일본에 포함해 달라는 일본 정부의 요청을 연합국총사령부가 수용한 것이다.

SCAPIN 677뿐 아니라 SCAPIN 841에도 "본 지령 내의 어떤 것도 '포츠담 선언'(8)에 언급된 작은 도서들에 관한 최종적 결정에 관련된 연합국 정책의 표시로서 고려되어서는 안 된다"는 내용이 포함되어 있다.

GENERAL HEADQUARTERS
SUPREME COMMANDER FOR THE ALLIED POWERS

AG 091 (22 Mar 46)GS
(SCAPIN 841)

APO 500
22 March 1946

MEMORANDUM FOR: IMPERIAL JAPANESE GOVERNMENT.

THROUGH : Central Liaison Office, Tokyo.

SUBJECT : Governmental and Administrative Separation of Certain Outlying Areas from Japan.

1. Reference is made to the following:

    a. Memorandum to the Japanese Government AG 091 (29 Jan 46)GS - (SCAPIN 677), subject, "Governmental and Administrative Separation of Certain Outlying Areas from Japan."

    b. Memorandum from the Japanese Government C.L.O. No. 918(1.1) of 26 February 1946, subject, "Request for Information Regarding Status of Izu Islands."

2. Paragraph 3 of reference "a" is hereby amended so that the Izu Islands and the Nanpo Islands north of and including Lot's Wife (Sofu Gan) are included within the area defined as Japan for the purpose of that directive.

3. The Japanese government is hereby directed to resume governmental and administrative jurisdiction over these islands, subject to the authority of the Supreme Commander for the Allied Powers.

4. Nothing in this directive shall be construed as an indication of Allied policy relating to the ultimate determination of the minor islands referred to in Article 8 of the Potsdam Declaration.

    FOR THE SUPREME COMMANDER:

                                    B. M. FITCH,
                                Brigadier General, AGD,
                                Adjutant General.

05
샌프란시스코강화조약

05 샌프란시스코강화조약

1951년 9월 8일 일본은 48개 연합국과 샌프란시스코에서 강화조약을 체결하였다. 일부 일본 공무원들은 강화조약이 발효되면 SCAPIN은 자동으로 효력이 상실되는 것으로 알고 있었다. 그러한 정황이 당시 일본 중의원 속기록에 남아있다. 1952년 2월 20일자 일본 중의원 외무위원회 의사록에 맥아더 라인에 대한 중의원의 질의에 대한 일본 외무성 공무원의 답변 기록이 있다.

(일본 외무성공무원)
"(맥아더라인은) 점령군의 지령으로 나온 것이므로 점령군이 없어지면 이에 근거한 지령은 당연히 없어진다."

라는 정부 측 답변에 대하여 질의한 의원은

(중의원 의원)
"소련과의 사이에는 강화조약이 없는 한, 전쟁 상태는 여전히 계속되고 있다. 극동위원회에서 결정된 맥아더라인은 여전히 존속하지 않을 수 없다."

면서 일본 정부의 대책을 촉구하였다. 일본 외무성 공무원의 인식이 부족했고 중의원의 문제 제기가 타당했다. 강화조약의 내용을 연합국과 직접 조율한 일본 외무성 공무원들의 SCAPIN에 대한 인식이 안이했다고 볼 수 있다. 중의원에서 맥아더라인에 대한 질의와 답변이 있고 난 뒤 일본 외무성 공무원들은 다급하게 샌프란시스코강화조약의 발효 이후에도 SCAPIN의 효력이 지속하는지에 대해 연합국최고사령부에 문의했을 것이며 그에 대한 답변을 들었을 것이다.

연합국총사령부는 폐지할 지령과 존속시킬 지령을 구분했다

독일은 1945년 5월 8일에 연합국에 항복하였다. 패전국 독일의 영토는 항복 선언한 후 약 3개월이 지난 1945년 8월 2일 독일 포츠담시에서 미국, 영국, 소련의 정상들이 모여 한나절 만에 결정했다. 샌프란시스코강화조약은 일본이 무조건항복 선언을 한 후 6년이 지난 뒤 대한민국, 중국, 소련을 제외한 나머지 연합국 48개국과 일본이 서명하였다. 6년 동안 연합국총사령부는 천황제를 폐지하고 평화헌법을 제정하게 하는 등 일본의 국가 체제를 이전과는 다르게 바꾸었다. 샌프란시스코강화조약이 발효된 후 SCAPIN의 효력이 상실된다면 전후 주민들이 천황제 환원 등을 요구할 때 연합국으로서는 속수무책이 되어버린다.

　일본 외무성 공무원들의 인식과는 달리 연합국총사령부(GHQ)는 강화조약 체결 이후 그동안 발령된 SCAPIN 중 폐지할 지령과 존속시킬 지령을 꼼꼼하게 정리하고 있었다. 이미 발령된 SCAPIN을 폐지하기 위해서는 별도의 지령을 내려야 한다. 샌프란시스코강화조약이 체결된 이후 연합국최고사령부(GHQ)가 폐지하기 시작한 폐지 지령의 목록은 다음과 같다.

표2. 연합국최고사령부의 폐지지령 목록

지령 번호	발령 일자	폐지지령번호	폐지 지령 내용
SCAPIN 2171	1951. 9.18.	SCAPIN 1225	일본 등대국 운영에 관한 각서
SCAPIN 2172	1951. 9.18.	SCAPIN 1224	해협 및 위험지구 항해 시설에 관한 각서
SCAPIN 2173	1951. 9.28.	SCAPIN 2098	재외일본기관과의 교신에 관한 각서
		SCAPIN 2166	금융통상협정 교섭 조인 권한에 관한 각서
		SCAPIN 2170	외국외교대표 직접 교섭 인가에 관한 각서
SCAPIN 2174	1951.10. 4.	SCAPIN 734	국제계약이행 금지 등에 관한 각서
SCAPIN 2175	1951.10.18.	SCAPIN 4	미해군에 의한 기뢰 제거에 관한 각서
		SCAPIN 5	미태평양군 소속 함대 진입에 관한 각서
		SCAPIN 9	기뢰 제거 실시에 관한 각서
		SCAPIN 13	기뢰 제거 실시에 관한 각서
		SCAPIN 14	기뢰 제거 실시에 관한 각서
		SCAPIN 36	미해군의 점령에 관한 각서
		SCAPIN 228	기뢰 제거에 참여하고 있는 일본인 교체에 관한 각서
		SCAPIN 888	일본 정부를 위한 석유 수입에 관한 각서
SCAPIN 2177	1951.10.24.	SCAPIN 1653	일본 상선 총손실에 관한 각서
SCAPIN 2178	1951.10.31.	SCAPIN 926	연합국 국민 소유 재산 환원에 관한 각서
		SCAPIN 1702	일본 지역 연합국 재산에 관한 각서
		SCAPIN 1880/4	일본 내 연합국 재산에 관한 각서
SCAPIN 2179	1951.11. 3.	SCAPIN 1813	수출품 견본 제출 절차에 관한 각서
SCAPIN 2180	1951.11. 3.	SCAPIN 1523-A	가축 수입 절차에 관한 각서
SCAPIN 2181	1951.11. 3.	SCAPIN 1839	반영구적 수용시설 설치에 관한 각서

지령 번호	발령 일자	폐지지령번호	폐지 지령 내용
SCAPIN 2183	1951.11. 6.	SCAPIN 1548	폐기물과 쓰레기 처리에 관한 각서
		SCAPIN 1915	폐기물과 쓰레기 처리에 관한 각서
SCAPIN 2184	1951.11.10.	SCAPIN 1911	일본 국외 거주자 소유 해외 재산 처분에 관한 각서
		SCAPIN 1911/1	일본 국외 거주자 소유 해외 재산 처분에 관한 각서
		SCAPIN 1911/2	일본 국외 거주자 소유 해외 재산 처분에 관한 각서
SCAPIN 2185	1951.11.26.	SCAPIN 2035	일본인 기술자의 해외여행에 관한 각서
		SCAPIN 2072	일본인 해외여행 신청에 관한 각서
		SCAPIN 2072/1	일본인 해외여행 신청에 관한 각서
		SCAPIN 2072/2	일본인 해외여행 신청에 관한 각서
		SCAPIN 2118	일본인 선원 해외여행에 관한 각서

　1951년 9월 8일부터 10월 4일까지는 급한 지령을 우선 폐지했다. 1951년 10월 18일에는 SCAPIN 2175를 통하여 8개의 지령을 폐지했다. 특히 일본의 항복 선언 직후인 1945년 9월에 발령된 SCAPIN 4, 5, 9, 13, 14를 한꺼번에 폐지하였다. 모든 지령에 대하여 폐지할지 존치할지 연합국의 최종 방침을 정하고 차례로 폐지해 나가고 있음을 알 수 있다. 폐지하지 않고 존치된 SCAPIN 1은 연합국최고사령관(SCAP)의 일반명령 1호이며, SCAPIN 2는 연합국최고사령관(SCAP) 사무에 관한 각서이다. SCAPIN 3은 슬라웨시 섬과 순다 섬에 있

는 일본 군대에 대한 연합국남동사령관 명령에 관한 각서이다. 샌프란시스코강화조약 발효 이후에도 SCAPIN의 효력이 계속되도록 했다.

샌프란시스코강화조약 19조 (d)

연합국은 일본 군정 통치 기간 중 발령된 SCAPIN뿐 아니라 연합국총사령부에 의해 행해진 여러 가지 조치들의 효력이 계속될 수 있도록 샌프란시스코강화조약 제19조 (d)에 구체적으로 명시하였다.

샌프란시스코강화조약 제19조

(d) 일본은 점령 기간 동안, 점령 당국의 지시에 따라 또는 그 지시의 결과로 행해졌거나, 당시 일본법에 의해 인정된 모든 작위 또는 부작위 행위의 효력을 인정하며, 연합국 국민에게 그러한 작위 또는 부작위 행위로부터 발생하는 민사 또는 형사 책임을 묻는 어떤 조치도 취하지 않는다.

샌프란시스코강화조약 19조 (d)의 규정은 그동안 독도와 북방영토 4개 섬에 대한 일본 정부의 주장과 다르다. 일본 정부는 강화조약이 발효되면 SCAPIN은 효력이 상실된다고 주장하고 있다. 그러나 샌프란시스코강화조약 19조 (d)는 일본 정부가 지령뿐 아니라 연합국에 의해 내려진 일반적인 지시 사항도 효력을 인정한다고 규정했다.

샌프란시스코강화조약 영토 관련 규정

일본 외무성 공무원들이 SCAPIN 677에는 일본의 통치권과 행정권이 배제된 지역에 명시되어 있으나 샌프란시스코강화조약에는 일본이 포기하는 지역에 들어가지 않은 지역을 일본의 영토라고 오해한 것은 강화조약의 영토에 관한 조항 때문이다. 샌프란시스코강화조약 제2장 영토 관련 조항 중 제2조와 제3조는 다음과 같다.

제2장
제2조
(a) 일본은 한국의 독립을 인식하고, 제주도, 거문도 및 울릉도를

포함하여 한국에 대한 모든 권리, 권원 및 청구권을 포기한다.

(b) 일본은 타이완과 펑후 제도에 대한 모든 권리, 권원 및 청구권을 포기한다.

(c) 일본은 쿠릴 열도, 그리고 1905년 9월 5일 포츠머스조약의 결과로 획득한 사할린과 인접한 도서에 대한 모든 권리, 권원 및 청구권을 포기한다.

(d) 일본은 국제연맹의 위임통치 제도와 관련된 모든 권리와 권원 및 청구권을 포기하고, 이전에 일본의 통치 하에 있던 태평양 제도에 신탁통치를 확대하는 1947년 4월 2일의 유엔 안전보장이사회의 조치를 수용한다.

(e) 일본은 일본의 활동으로부터 비롯된 것이건 아니면 그 밖의 활동으로부터 비롯된 것이건 간에, 남극 지역과 관련된 권리나 권원 또는 이익에 대한 모든 청구권을 포기한다.

(f) 일본은 스프래틀리 섬들과 파라셀 섬들에 대한 모든 권리, 권원 및 청구권을 포기한다.

제3조

일본은 류큐 제도와 다이토 제도를 포함한 북위 29도 남쪽의 난세이 제도, 보닌 오가사와라 제도, 로사리오 섬 및 화산 열도를 포함한 소후칸 남쪽의 난포 제도와 파레스 벨라 오키노토리 섬과 마르쿠스 섬을 미국을 유일한 통치 당국으로 하는 신탁통치 하에 두고자 미국이 유엔에 제시한 제안에 동의한다. 그러한 제안과 그에 대한 긍정적인 조치가 있을 때까지 미국은 그 영해를 포함한 그 섬들의 영토와 주민들에 대한 행정, 입법, 사법권을 행사할 모든 권리를 가지게 될 것이다.

영토에 관한 사항을 규정하고 있는 제2장 제2조에서 일본이 포기하는 영토에 제주도, 거문도, 울릉도가 있고 독도는 없다. SCAPIN 677에는 일본의 통치권과 행정권이 배제되는 지역에 제주도, 울릉도, 독도가 표시되어 있었다. 강화조약에는 SCAPIN 677에는 없던 거문도가 들어가 있고 독도는 없다.

제3조는 '북위 29도'를 기준으로 미국을 유일 통치 당국으로 하는 신탁통치를 한다고 규정하고 있다. SCAPIN 677에는 '북위 30도' 남쪽의 여러 섬을 일본의 통치권과 행정권에서 분리되는 지역으로 표시하고 있다. 북위 29도에서 북위 30도 사이의 해역과 그 사이에 있는 7개 섬에 어느 나라의 통치권과 행정권이 적용되는지 분명하지 않다.

포츠담선언 8조는 "일본의 주권은 혼슈, 홋카이도, 큐슈,

시코쿠, 그리고 연합국이 결정하는 작은 섬들로 제한될 것이다"라고 규정하고 있다. 연합국이 점령 초기인 1946년 1월 29일 SCAPIN 677호로 일본의 주권이 적용되지 않는 것으로 규정한 섬에는 북위 29도에서 북위 30도 사이에 있는 7개 작은 섬도 포함되어 있다. 샌프란시스코강화조약 제3조가 규정하고 있는 북위 29도 남쪽의 여러 섬은 미국이 신탁통치할 수 있는 국제법적 근거가 되는 것이지 일본의 주권이 회복되는 근거는 아니다.

06
SCAPIN 677/1

06 SCAPIN 677/1

　일본 정부는 그동안 SCAPIN 677은 샌프란시스코강화조약 발효와 더불어 효력이 상실되었다고 주장해 왔다. 그런데 일본의 주장에 반대되는 지령이 발견되었다. 연합국총사령부(GHQ)는 1951년 9월 8일 샌프란시스코강화조약이 체결된 약 3개월 후인 1951년 12월 5일 SCAPIN 677/1을 발령하였다. 이 지령은 포츠담선언 8조에 따라 일본 영토에 대한 정의(the definition of Japan)를 내린 연합국의 최종적인 결정이다. 지령의 전문은 다음과 같다.

연합국최고사령부
연합국최고사령관

AG 091(29 Jan 46) GS   1951년 12월 5일
SCAPIN677/1

일본 정부에 주는 지령

제 목 : 특정 외곽 지역의 일본으로부터 정부 및 행정의 분리

1. 참조 :
   a. 1946년 1월 29일자 일본 정부에 주는 각서(연합국최고사령관 지령 677호), 제목 "일본 외곽 지역에 대한 정부와 행정의 분리에 관한 건"
   b. 1946년 3월 22일자 일본 정부에 주는 각서(연합국최고사령관 지령 841호), 제목 "일본 외곽 지역에 대한 정부와 행정의 분리에 관한 건"
2. 참조 각서의 3장 b항을 류큐(난세이) 열도 북위 29도는 일본의 시정권에 포함하는 것으로 수정한다.

3. 연합국최고사령관 권한 하에 이들 지역에 대한 일본 정부의 통치적 행정적 관할권을 재개할 것을 지령한다.

연합국최고사령관을 대리하여

H.W.Allen

Colonel, A.G.D.

Asst Adjutant General

GENERAL HEADQUARTERS
SUPREME COMMANDER FOR THE ALLIED POWERS
APO 500

AG 091 (29 Jan 46)GS
SCAPIN 677/1

5 December 1951

MEMORANDUM FOR: JAPANESE GOVERNMENT

SUBJECT: Governmental and Administrative Separation of Certain Outlying Areas from Japan

1. Reference:

   a. Memorandum for the Japanese Government, AG 091(29 Jan 46)GS (SCAPIN 677), 29 January 1946, subject, "Governmental and Administrative Separation of Certain Outlying Areas from Japan".

   b. Memorandum for the Japanese Government, AG 091(22 Mar 46)GS (SCAPIN 841), 22 March 1946, subject, "Governmental and Administrative Separation of Certain Outlying Areas from Japan".

2. Paragraph 3 of reference a, as amended by reference b, is further amended so that the Ryukyu (Nansei) Islands north of $29°$ north latitude are included within the area defined as Japan for the purpose of that directive.

3. The Japanese Government is directed to resume governmental and administrative jurisdiction over these islands, subject to the authority of the Supreme Commander for the Allied Powers.

FOR THE SUPREME COMMANDER:

C. C. B. WARDEN
Colonel, AGC
Adjutant General

이 SCAPIN 677/1이 포츠담선언 8조에서 규정한 연합국의 일본 영토에 대한 최종적인 결정이라는 근거는 다음과 같다.

지령 제목이 일본으로부터 정부와 행정의 분리

첫째, 지령 제목 자체가 '일본으로부터 정부와 행정의 분리(Governmental and Administrative Separation from Japan)'로 표시되어 있다. 일본 외곽에 있는 특정 지역을 일본 정부로부터 정부를 분리하고 행정을 분리한다는 것이다. 북방영토 4개 섬을 포함한 쿠릴 열도는 소련군이 점령하고 있었다. 이 지역은 일본 정부로부터 소련 정부로 분리된다. 대만은 일본 정부로부터 중화민국으로 분리된다. 독도는 SCAPIN 677/1이 발령된 1951년 12월 5일 대한민국 정부가 존재하고 있었으므로 대한민국 정부로 분리된다. 오키나와를 비롯한 센카쿠 열도는 이 지령으로 미국의 영토가 되는 것은 아니다. 단지 미국의 신탁통치 지역에 속할 뿐이다. 따라서 오키나와는 일본으로부터 정부가 분리되는 것이 아니라 행정이 분리되는 것이다.

포츠담선언 8조와 관련

둘째, SCAPIN 677/1은 포츠담선언 8조와 관련된 것이다. 맥아더라인을 설정한 최초의 SCAPIN은 1033호였다. 맥아더라인의 내용을 변경할 때 지령 1033호를 폐지하고 SCAPIN 2046호를 새로 발령하였다. 그러나 지령 677/1호는 지령 677호를 폐지하지 않고 677/1호로 발령하여 원래 근본이 되는 지령이 지령 677호에 있다는 것을 분명히 하고 있다. 지령 677호에 있는 "본 지령 내의 어떤 것도 '포츠담선언'(8)에 언급된 작은 도서들에 관한 최종적 결정에 관련된 연합국 정책의 표시로서 고려되어서는 안 된다"는 문구를 삭제함으로써 포츠담선언 8조에 따른 연합국의 최종결정이 되었다.

지령 내용과 포츠담선언 8조의 내용이 일치

셋째, SCAPIN 677/1호가 연합국의 일본 영토에 대한 최종적인 결정인 이유는 포츠담선언 8조의 내용과 지령의 내용이 일치하기 때문이다. 포츠담선언 8조는 다음과 같다.

8. 카이로선언은 이행되어야 하며, 일본의 주권은 혼슈, 홋카이도, 큐슈, 시코쿠, 그리고 연합국이 결정하는 작은 섬들로 제한될 것이다.

SCAPIN 677/1호는 지령 677호를 그대로 두면서 수정되는 조항을 적시하고 수정된 내용만을 표시하였다. 일본의 영토와 관련된 내용에 지령 677호와 지령 677/1호를 반영하면 다음과 같다.

3. 본 지령의 목적상 일본은 일본의 4개 도서(홋카이도, 혼슈, 큐슈 및 시코쿠)와 대마도를 포함한 약 1,000개의 인접한 보다 작은 도서들, 이즈 제도(Izu Islands) 난포 섬 북부(Nanpo Islands north), 소프간(Sofu Gan) 섬, 그리고 북위 29도의 북쪽 유구(난세이) 열도(구찌노시마 도서 제외)로 한정된다.

포츠담선언 8조에 규정된 순서에 따라 일본의 4개 본 섬을 먼저 규정하고 일본 인근의 작은 도서들을 규정한 다음 '일본의 정의'에서 배제되는 영토를 표시하였다. 독도를 포함하여 북방영토 4개 섬, 그리고 센카쿠 열도가 일본으로부터 정부와 행정이 분리되는 지역으로 연합국이 최종결정한 것이다.

1951년 12월 5일 이후의 SCAPIN

연합국총사령부는 SCAPIN 677/1을 발령한 1951년 12월 5일 이후에도 계속해서 SCAPIN을 발령한다.

표3. 1951년12월5일 이후의 SCAPIN

지령 번호	발령 일자	신규 지령 또는 폐지 지령 번호	폐지 지령 내용
SCAPIN 2186	1951.12. 6.	SCAPIN 26	연합국과 주축국 재산 보호에 관한 각서
		SCAPIN 2051	일본 내 독일 재산 처분에 관한 각서
SCAPIN 2187	1951.12. 9.	SCAPIN 1878/3	획득한 철강 처리에 관한 각서
		SCAPIN 1878/4	획득한 철강 처리에 관한 각서
SCAPIN 2188	1951.12.10.	신규	괴뢰 정부의 재산 처리에 관한 각서
SCAPIN 2189	1951.12.12	SCAPIN 1473	해외 일본 회사 소유 재산에 관한 각서
		SCAPIN 1856	외국 회사 일본 내 재산 보호에 관한 각서
SCAPIN 2190	1951.12.18.	SCAPIN 317	미결재 외한 지불에 관한 각서
SCAPIN 2191	1951.12.22.	SCAPIN 1972	상무부 운영 호텔 전화 설치에 관한 각서
		SCAPIN 1702/1	상무부 운영 호텔 전화 설치에 관한 각서
SCAPIN 2192	1951.12.31.	신규	전쟁 범죄인 관리에 관한 각서
SCAPIN 2193	1952. 1.10.	SCAPIN 2011	발진티푸스 예방 및 통제에 관한 각서

지령 번호	발령 일자	신규 지령 또는 폐지 지령 번호	폐지 지령 내용
SCAPIN 2194	1952. 1.15.	SCAPIN 1797	연합군의 국제주파수에 관한 각서
SCAPIN 2195	1952. 1.25.	신규	독일 국적자 재산 처분에 관한 각서
SCAPIN 2196	1952. 2. 8.	SCAPIN 183	종교 자유에 관한 각서
SCAPIN 2197	1952. 2.12.	신규	일본의 정의에 포함된 7개 섬의 B타입 엔 거래에 관한 각서
SCAPIN 2198	1952. 2.26.	SCAPIN 1122	점령군에 임용된 직원 전화 관련 각서
SCAPIN 2199	1952. 3. 4.	신규	일본과 스웨덴 무역 결제에 관한 각서
SCAPIN 2200	1952. 3.10.	신규	일본 입국 항공기의 입출국 수속 절차 완화에 관한 각서
SCAPIN 2201	1952. 3.29.	SCAPIN 292	조직 보고에 관한 각서
SCAPIN 2202	1952. 4. 4.	신규	보리 가격 및 배급 통제에 관한 각서
SCAPIN 2203	1952. 4.17.	신규	독일 국적자 소유 재산 처분에 관한 각서
SCAPIN 2204	1952. 4.26.	신규	스위스 프랑 교환에 관한 각서

일본 정부는, SCAPIN은 샌프란시스코강화조약이 발효됨으로써 효력이 상실됐다고 주장하고 있다. 1951년 9월 8일 샌프란시스코강화조약이 체결된 이후 연합국총사령부는 SCAPIN을 발령하여 이미 발령한 것을 폐지하는 절차를 밟고 있다. 폐지해야 할 SCAPIN과 폐지하지 않을 SCAPIN을 꼼꼼하게 구분하고 있다. 일본의 영토를 정의하고 일본으로

부터 정부와 행정상 분리되는 연합국의 의사 결정은 SCAPIN 677/1을 통하여 최종적으로 결정되었다.

07
국제사법재판소

07/국제사법재판소

    2019년 8월 8일자 유튜브 「정규재TV」는 '백두산과 독도에 대한 인식과 문제점'이라는 제목으로 정규재 주필과 이영훈 교수의 대담을 방영했다. 이영훈 교수는 국제사법재판소에서 독도 문제가 다루어져 한국의 주장과 일본의 주장이 논의될 경우 한국의 주장은 배심원들을 설득하기 어렵다고 주장했다. 정규재 주필은 "모스크바 특파원 재직 시에 150년 전 사할린에서 일본인들이 사는 모습을 그린 그림을 전시해서 깜짝 놀랐다. 만약 일본이 국제사법재판소에 갔을 때 150년 전에 울릉도나 독도에서 생활하는 일본인들의 모습을 그린 그림이나 사진 등 증거를 제시할까 염려된다"고 말했다.

    논란이 된 이영훈 교수의 저서 《반일 종족주의》에는 독도를 대한민국의 영토라고 주장하는 것이 반일 종족주의의 최고의 상징이라고 썼다. 유튜브 「정규재TV」에 있는 독도와 관련된 다른 동영상에서도 정규재 주필은 독도에 대해 가능하지 않을 걱정을 하고 있었다.

독도가 국제사법재판소에서 다루어질 가능성

독도가 국제사법재판소에서 다루어질 가능성은 거의 없다. 샌프란시스코강화조약은 조약 서명 당사자국 사이에 분쟁이 발생하면 국제사법재판소에서 다루도록 규정하고 있다. 강화조약은 기본적으로 승전국이 패전국에 의무를 부여하기 위해 만든 것이다. 국제사법재판소에서 강화조약과 관련된 재판이 전개된다고 해도 패전국 일본에 유리하게 조약 내용이 해석되지는 않는다. 강화조약 주요 내용은 영토에 관한 것인데 국제사법재판소는 침략국 일본에 유리하게 결정하기가 어렵다.

독도 문제가 국제사법재판소에서 다루어져야 한다고 주장하는 사람들은 두 부류이다.

첫 번째는 대한민국이 독도 영유권에 대해 자신 있다면 국제사법재판소에 맡겨 깨끗하게 결정 내리는 것이 어떻겠냐고

하는 부류이다. 주로 일본 정부와 학자들이 주장한다. 독도와 관련된 논문이나 대한민국과 일본의 주장을 보고 진심 어린 조언을 하는 학자들도 있다. 그러나 대개는 독도와 관련된 자료를 자세히 보지도 않고 "한국이 자신 없으니까 국제사법재판소에 못 가는 것 아니냐?"고 한다.

두 번째는 우리나라 지식인 중에 독도가 국제사법재판소에 가서야 논란이 마무리될 것이라는 두려움을 갖는 부류이다. 심지어는 독도를 둘러싸고 한국과 일본이 무력 충돌할 경우 유엔안전보장이사회가 강제로 독도를 국제사법재판소에서 논의할 것을 결정할 것이라고 주장하는 학자들도 있다. 정규재 주필과 이영훈 교수도 이 부류에 속한다고 볼 수 있다.

러시아는 독도를 국제사법재판소에서 다루고 싶어 할까?

유엔안전보장이사회에 속한 국가 중 거부권을 가진 국가는 미국, 영국, 프랑스, 중국, 러시아이다. 이들 국가 중에 일본이 제기하는 영토 문제와 직접적인 관련이 있는 국가는 러시아와 중국이다. 러시아는 북방영토 4개 섬을 1945년 9월 2

일 점령한 이래로 현재까지 지배하고 있다. 러시아는 북방영토 4개 섬을 지배하고 있는 것을 승전국의 당연한 권리라고 여긴다. 독도가 국제사법재판소에서 다루어진다는 것은 북방영토 4개 섬도 국제사법재판소에서 다루어진다는 것을 의미한다. 러시아가 독도를 국제사법재판소에서 다루는 것을 찬성할 수 없는 이유이다.

중국은 어떨까? 일본이 제기하는 영토 문제에 대하여 가장 속상해하는 국가는 중국이다. 중국은 난징대학살 등 일본으로부터 가장 큰 피해를 받은 국가 중 하나이다. 중국은 카이로선언, 포츠담선언의 참여국이면서 전승국이다. 전승국으로서 중국은 센카쿠 열도는 물론이고 오키나와를 소유할 수도 있었다. 중국은 내전으로 연합국총사령부에 의한 일본 통치나 샌프란시스코강화조약 문안작성에 주도적으로 참여할 수 없었다. 센카쿠 열도는 일본이나 오키나와보다는 대만이나 중국 본토에 더 가깝다. 경제와 군사 대국이 된 중국 입장에서는 수치스러운 섬이 되었다. 중국은 오랜 시간이 걸리더라도 자기의 힘으로 영토 문제를 해결하려고 하지, 국제사법재판소와 같은 제3자의 손에 넘기지 않을 것이다.

국제사법재판소의 권능과 결정에 대한 오해

우리나라의 언론인이나 학자 중에는 국제사법재판소의 권능과 결정에 대해 오해를 하는 이들이 있다. 마치 국제사법재판소에 세계 사법 최고의 권능이 있다고 생각한다. 국제사법재판소는 그렇게 강력한 권능을 가지고 있는 국제기관이 아니다. 국제사법재판소에 소송이 제기되면 의무적으로 응해야 하는 국가가 있다. 일본이 대표적이다.

국제사법재판소의 결정은 어떤 효력을 갖고 있을까? 대표적인 것이 호주가 일본에 대하여 제기한 연구 목적의 고래잡이 금지 요청 사건이다. 일본이 연구 목적이라는 미명으로 고래잡이를 계속하자 호주는 이 문제를 국제사법재판소에 제소하였다. 일본은 의무적으로 국제사법재판소의 제소에 응해야 하는 국가이기 때문에 재판이 진행되었다. 2014년 국제사법재판소는 남극해에서 일본이 고래잡이 하는 것을 금지하는 결정을 내렸다. 일본은 국제사법재판소의 결정을 받아들이지 않았다. 일본은 2018년 연구 목적의 고래잡이뿐 아니라 상업 목적의 고래잡이를 하겠다고 발표했다. 국제사법재판소의 결정이 얼마나 허약한 것인가를 일본이 몸소 보여주었다.

08

국방부 군사편찬연구소

08/국방부 군사편찬연구소

 2019년 7월 23일 러시아 군용기가 독도 영공을 침범했다. 대한민국 공군은 독도 영공을 침범한 러시아 군용기에 360발의 실탄으로 경고사격을 했다. 군용기는 민간 항공기보다 속도가 더 빠르다. 러시아 군용기가 독도 영공을 침범했다가 벗어나는 데 많은 시간이 걸리지 않는다. 눈 깜짝할 사이에 영공을 침범했다가 빠져나갈 수 있다. 대한민국 공군 전투기 조종사는 정해진 매뉴얼에 따라 경고사격을 했을 것이다. 공군의 대응수칙에 따르면 영공을 침범한 타국의 비행기에 대해서 경고통신, 차단 비행, 경고사격, 강체 착륙 및 격추 사격의 조치를 단계적으로 실시하게 되어 있다. 대한민국 공군의 단호한 대응은 국민의 뜨거운 지지를 받았다. 러시아 군용기에 대한 공군의 경고사격 소식은 청주의 공군사관학교에서 교육받고 있는 생도들에게도 전해졌다. 이 소식을 들은 공군사관생도들은 환호성을 질렀다고 한다. 이들이 사관학교를 졸업하고 공군 장교가 되어서도 생도 시절 들었던 독도 영공 침범 러시아 군용기에 대한 경고사격 사건을 기억할 것이다.

국방부 산하에 군사편찬연구소가 있다. 우리나라 최고의 군사연구기관이다. 6·25 전쟁 중인 1951년 1월 국방부 정훈국에 설치된 전사편찬위원회가 그 전신이다. 국방부 군사편찬연구소에서 1951년 12월 5일 발령된 SCAPIN 677/1과 관련된 사건을 체계적으로 조사하고 연구할 필요가 있다. 카이로회담, 포츠담회담, 일본 무조건항복선언 서명 문서, SCAPIN을 비롯한 연합국총사령부(GHQ)가 내린 지령, 명령, 지시 등 일본 정부에 행한 모든 조치 사항들, 샌프란시스코 강화조약 체결 전후의 연합국들 사이에 오고 간 문서 및 참고사항 등을 군사편찬연구소가 주관이 되어 철저하게 전투에 임하는 자세로 조사하고 연구한다면 독도와 관련된 또 하나의 역사적 국제법적 근거를 축적할 수 있다.

일본 자위대 간부학교에서 일어난 일

진성근 대령은 1997년 일본 자위대 간부학교 고급과정에 파견되어 교육을 받았다. 평상시에 일본 장교들은 독도 이야기를 하지 않았다. 그러나 회식 때 술 한 잔이 도는 날이면 독도 문제를 꺼냈다.

"왜 남의 땅을 무단으로 점거하고 있느냐?"
"독도는 일본 땅인데 한국이 무단으로 점거하고 있다."
고 문제 제기했다. 진성근 대령이 독도가 대한민국 땅인 이유를 조목조목 설명하자 일본 장교들은 별다른 근거를 제시하지 못했다.

자위대 간부학교 교육생들은 수료하기 위해서 논문을 제출해야 한다. 진성근 대령은 독도를 수료 논문 주제로 삼았다. 논문에는 대한민국 정부의 주장과 일본 정부의 주장을 모두 담으면서 독도가 대한민국 영토임을 논리적으로 입증했다. 논문 심사 과정에서 문제가 생겼다. 자위대 간부학교 지휘부는 논문 회수 결정을 내렸다. 그동안 같이 공부했던 자위대 장교들이 문제를 제기했다.

"그동안 한국이 독도를 자기네 땅이라고 주장한 이유를

아무도 우리에게 가르쳐 주지 않았다. 진성근 대령이 우리에게 알려주었다. 교육 과정에 참여한 교육생이 쓴 논문을 내지 못하는 것은 부끄러운 일이다."
라고 동료 교육생들이 항의했다.

  독도를 주제로 쓴 진성근 대령의 논문은 교육 과정 수료 논문으로 제출되었다. 같이 교육받은 동료 교육생들의 도움이 없었다면 그의 논문은 제출되지 못했을 것이다. 진성근 대령이 일본 자위대 간부학교에서 독도를 주제로 교육수료 논문을 제출했다는 것은 후일 세상에 알려졌다. 미국 육군 간부학교나 독일 육군 사관학교에서 일어난 일이 아니다. 진성근 대령의 독도 논문 사례는 군인들이 전쟁이 아닌 상호 조사와 연구 토론을 통해서 일본이 제기하는 영토 문제를 평화적으로 해결할 수 있다는 희망을 보여주었다.

고려 장군 서희와 거란 장군 소손녕

  고려 성종 12년(993년) 거란이 고려 국경을 넘어 침략해왔다. 전세가 불리해지자 조정에서는 항복하자는 의견과 서경 이북의 땅을 거란에 주고 강화하자는 안으로 논쟁했다. 고려 조정에서는 서경 이북을 거란에 할양하자는 안을 택하기로 했다. 서희 장군은 이에 반대하여 거란 소손녕 장군과 담판을 벌였다. 소손녕 장군은 옛 고구려 땅은 거란의 것이라고 주장했다. 서희 장군은 고려가 고구려를 이은 나라로 옛 고구려 땅이 고려의 것임을 설명하였다. 거란 장군 소손녕은 서희 장군의 의견을 받아들이고 군대를 철수하면서 강동 6주를 고려에 할양하였다. 거란의 침략으로 영토를 빼앗기기는커녕 옛 고구려 영토를 되찾은 것이다.

　담판으로 옛 고구려 땅을 회복한 서희 장군의 사례는 우리나라 역사에서 다른 사례를 찾을 수 없다. 서희 장군의 대담한 담판도 놀랍지만 적국 장군의 설명을 듣고 자기네 땅을 내어준 소손녕 장군의 결정도 평가할 만하다. 소손녕 장군이 과감한 결정을 할 수 있었던 배경에는 전쟁터에서 언제든지 목숨을 잃을 수 있는 처지에서도 옳고 그름에 대해서는 담대히 수용할 줄 아는 군인정신이 중세 장군들에게 있었기 때문일 것이다.

중대 작전병 이야기

필자는 서해안 해안경계 부대에서 군 복무를 했다. 처음 받은 보직은 소대 통신병이었다. 당시 군대는 입대하기 전에 생각했던 것보다 훨씬 열악했다. 내무반에는 텔레비전이 없었다. 소대 내무반에 있는 유일한 읽을거리라고는 국방일보뿐이었다. 그것도 고참병의 차지이고 신참병은 쳐다보지도 못했다. 해안경계 부대는 일정 기간 근무하다가 내륙 예비대대와 교대한다. 내륙 예비대대로 부대 이동한 이후에는 매일 훈련의 연속이었다. 중대 단위 훈련, 대대 단위 훈련, 연례적으로 행해지는 전군 참여 훈련도 있었다. 일병으로 진급한 지 얼마 되지 않아 전역을 앞둔 중대 작전병 후임으로 중대 행정반으로 전출되었다.

중대 본부 막내 행정병은 일과 시간 내내 상황실에 설치된 전화에 대기하는 상황 업무를 전담했다. 언제 어디서 전화가 올지 모른다. 전화벨이 두 번 울리기 전에 전화를 받아야 한다.

"충성, 통신보안 ○중대 일병 ○○○입니다."

사안에 따라 잘 전달하고 특히 놓치는 것이 있으면 안 된다. 전화를 받거나 중대 행정 일지를 작성하는 업무 외에는 책상에 앉아 전화 대기를 했다. 이때 야전교범(Field Manual) 외에 군 작전 관련 문서나 책들을 모두 읽었다. 작전병이었으므로 누구도 문서나 책 보는 상황병을 나무라는 이들이 없었다. 중대장은 늘 책과 야전교범을 읽고 있는 상황병을 칭찬하기까지 했다.

6·25 전쟁사, 소규모 전투 사례, 베트남 전투 사례, 간첩 침투 사례, 2차 세계대전 전투 사례 연구 등 전쟁, 전투와 관련하여 읽을거리가 너무 많았다. 군에 입대한 후 목까지 차올랐던 활자 갈증을 해결할 수 있는 시기였다. 많은 자료가 국방부 군사편찬연구소 전신인 전사편찬위원회에서 펴낸 자료들이었다. 2차 세계대전과 관련된 자료들은 미국이나 다른 국가에서 발행한 자료를 번역한 것들이었다. 그러나 월남전 전투 사례나 6·25 전쟁 또는 전투 사례들은 전사편찬위원회에서 직접 관련 자료를 정리하였다. 대한민국 군인들이 실제 경험한 사례를 생생하게 전해주고 있었다.

SCAPIN 677/1을 찾게 된 경위

2012년을 기점으로 일본의 영토 문제를 설명하는 논리가 바뀌었다. 북방영토나 센카쿠 열도에 대해서는 이전의 내용과 크게 변한 것이 없다. 그러나 독도에 대해서는 1905년 시마네현 고시 제40호에 대한 설명이 크게 줄어들었다. 그 대신 샌프란시스코강화조약 체결과정에서 독도가 일본의 영토가 되었다는 설명이 많아졌다. 국제법적으로 보면 대한민국과 소련은 샌프란시스코강화조약에 서명하지 않았다. 서명하지 않은 국가에 대하여 강화조약의 효력을 강조하는 것은 상대방을 설득하기 어렵다. 한편으로 전쟁이 끝난 뒤 무조건 항복한 패전국인 일본이 대한민국, 러시아, 중국을 대상으로 영토 문제를 제기할 여지가 있다면 연합국은 군사작전 측면에서 심각한 문제가 있는 것이다. 제2차 세계대전은 인류가 겪어보지 못했을 정도로 많은 군인과 민간인이 죽었다. 100년, 200년이 지난 뒤에라도 패전국 일본이 영토 문제로 전쟁을 일으킨다면 그 책임의 일부분은 패전국의 영토 문제를 말끔하게 마무리 짓지 못한 연합국 군인들에게도 있다.

공무원을 퇴직하고 독도와 관련된 책을 발간하기 위해 관련 자료를 점검했다. 연합국이 일본 군정 기간 동안 발령한 SCAPIN을 모두 복사해서 점검해 보았다. 특히 샌프란시스코강화조약이 체결된 1951년 9월 8일 이후의 SCAPIN을 하나하나 읽어 보았다. 일본 정부의 주장과는 달리 연합국총사령부는 이미 발령된 SCAPIN을 폐지하기 위하여 별도의 SCAPIN을 발령하고 있었다. 그런데 SCAPIN 677에 대해서는 폐지 발령이 아닌 추가 발령을 하고 있었다. 1951년 12월 5일 자로 발령된 SCAPIN 677/1을 발견한 순간 만감이 교차했다. 귀중한 자료를 찾았다는 뿌듯함보다 어떻게 이렇게 중요한 자료를 미국, 일본, 러시아, 그리고 우리나라에서 찾아내지 못했을까 하는 안타까움이 더 컸다.

독도를 연구하고 조사하는 정부 기관들

우리나라에는 독도와 관련된 사안을 조사하고 연구하는 기관들이 많이 있다. 동북아역사재단에서는 풍부한 자료집을 매년 발간하고 있다. 한국해양수산개발원 독도·해양법연구센터에서 펴내는 자료들은 해양과 관련된 전문성을 담고 있어서 영토 연구 관련 학자들이 애용한다. 국사편찬위원회 홈페이지에는 일반 역사뿐 아니라 독도 관련 자료들을 잘 정리해 두고 있다. 영남대학교 독도연구소에서 발간한 연구 논문은 국내 학자들뿐 아니라 외국 관계자들도 참고한다.

SCAPIN 677/1과 관련된 조사 연구를 국방부 군사편찬연구소가 주축이 되어 추진하고 관련 자료 편찬도 주관할 필요가 있다. 우리나라는 태평양 전쟁이 끝나고 패전국 일본을 대상으로 샌프란시스코강화조약을 체결할 때 초청받지 못했다. 태평양 전쟁과 관련이 없을 것 같은 아프리카 국가들과 전쟁 당시 존재하지 않았던 국가들도 연합국 자격으로 강화조약에 참여하였다. 지금 되돌아보아도 아쉽고 한편으로는 굴욕적으로 느껴지기도 한다.

태평양 전쟁의 시작과 진행 과정, 카이로선언, 포츠담선언, 일본의 무조건항복선언, 연합국최고사령관이 발령한 SCAPIN, 샌프란시스코강화조약 체결과정, 연합국총사령부가 폐지한 지령과 폐지하지 않은 지령 등과 관련된 사안을 그 시절로 되돌아가서 태평양 전쟁에 참여하는 심정으로 조사하고 연구한다면 독도와 관련된 영토 문제를 무력이 아니라 조사 연구 정훈을 통하여 해결해 갈 수 있을 것이다.

F35 전투기의 가격은 약 1천억 원이고 F22 전투기의 가격은 약 2천억 원에 이른다. 대한민국 공군 주력기인 F-15K 전투기는 1천억 원을 상회 한다. 독도 수호에 수십 대의 전투기가 필요하다면 국민은 세금으로 전투기 구입비를 지불 하는

데 동의할 것이다. 물리적인 충돌을 하지 않고 한국과 다른 국가의 젊은 군인들의 희생 없이 영토를 수호할 수 있다면 더 가치 있는 일이다. 국방부 군사편찬연구소가 SCAPIN 677/1을 전후한 태평양전쟁사 편찬사업에 참여할 것을 제안한다.

09
독도가 대한민국 영토인 근거들

09 / 독도가 대한민국 영토인 근거들

갈등을 보는 새로운 관점

갈등을 보는 두 가지 관점이 있다. 갈등을 보는 전통적인 견해는 갈등은 나쁜 것이고 갈등 당사자들 사이에는 언제든지 부정적인 영향을 미친다고 본다. 갈등은 해로운 것이기 때문에 회피할수록 좋다고 한다. 갈등은 바람직하지 않은 것이므로 갈등 자체가 없는 것이 좋다고 본다. 이러한 관점에서는 갈등을 신속하게 제거하거나 최소화하는 것이 최선의 대책으로 본다.

갈등을 보는 새로운 관점은 갈등은 일상적인 것이어서 피할 수 있는 것이 아니라고 본다. 어떤 면에서는 바람직한 경우도 있다고 한다. 갈등을 긍정적으로 보는 관점은 개인이나 집단이 갈등상태에 있게 되면 환경에 잘 적응하려고 하는 충동 에너지가 발산되고 적응 능력도 생긴다고 한다. 갈등상태가 잘 해결되면 서로에 대한 이해가 깊어지고 더 좋은 관계로 발전할 수 있다고 본다. 갈등을 긍정적으로 보는 관점은 갈등을 감추기보다는 갈등의 원인이 되는 것에 대하여 갈등 당사자가 서로 이해하는 노력을 기울이는 것이 필요하다고 본다.

단순히 독도를 지키기 위한 것이 목적이라면 지금도 우리는 충분히 잘하고 있다. 그러나 일본이 잘못된 지식을 토대로 독도를 둘러싼 적대감을 키워나간다면 우리는 그들을 더 이해시킬 필요가 있다. 독도를 둘러싼 역사적, 지리적, 국제법적인 쟁점들을 차분하게 알아야 할 필요가 있다.

독도를 잘 설명하고 독도를 이해하는 일본인들이 많아질수록 한일양국은 평화의 길을 더 다져갈 수 있을 것이다.

가. 일본인들은 언제부터 울릉도, 독도의 존재를 알았을까?

독도는 태평양 한가운데 있는 섬이 아니다. 남극이나 북극 오지에 있는 섬도 아니다. 독도는 한국과 일본 사이에 있는 동해 한가운데 있는 섬이다. 동해에는 높이 1000m나 되는 큰 섬 울릉도가 있다. 부산이나 일본에서 울릉도로 오고 가다 보면 독도를 보게 된다. 일본인들이 독도의 존재를 언제부터 알고 있었는지, 더 나아가 언제부터 독도가 자신의 생활 영역에 속한다고 인식했는지를 알아볼 필요가 있다. 독도의 인지 시점과 소유권 인식 시점은 독도의 영유권을 가름할 수 있는 한 기준이 될 수 있다.

대마도의 울릉도 영유권 주장

15세기 초 대마도 주민들은 울릉도의 존재를 알고 있었다. 《조선왕조실록》에 소상한 기록이 남아있다. 대마도수호(對馬島守護) 종정무(宗貞茂)가 조선 정부에 대마도 주민 일부를 울릉도로 이주하여 살게 해 달라고 청원했다. 조선 정부는 대마도수호의 청원을 허락하지 않았다.

광해군 때는 일본인들이 울릉도의 영유권을 주장한 사건이 일어났다. 광해군 6년, 1614년에 대마도주가 울릉도의 영유권을 주장하자 조선 동래부사는 대마도주에게 울릉도가 조선의 영토임을 확인하는 문서를 보냈다. 일본은 당시 울릉도를 의죽도(礒竹島)라고 불렀는데 "이는 조선의 울릉도로서 지도에도 있다"고 단언하면서 "조선과 일본 양국은 예전부터 그 경계를 구분하고 왕래가 있었을 때 하나의 길을 문호로 삼고 있었으므로 그 외에는 모두 해적으로 판단해야 한다"고 경고하였다.

대마도주는 울릉도에 대한 영유권 주장을 거두고 울릉도에 배가 정박하기 편리한 점을 들어 개항이라도 해 줄 것을 요구하였다. 이에 동래부사는 "예전 서신에서 논의했음에도 불구하고 울릉도 개방을 요구하는 것은 조선 조정을 얕보는, 도리에 벗어나는 것으로 볼 수밖에 없다"면서 강경 입장을 고수했다는 것이 일본 측의 기록에 남아있다. 《조선왕조실록》에도 "왜가 사자를 보내 의죽도를 탐사하겠다고 했으나 조정에서 답하지 않고 동래부로 하여금 준엄하게 배척하도록 했다"는 기록이 있다.

당시 조선과 일본의 교섭과정이 양국의 기록에 상세하게 남아있다는 것은 울릉도가 조선과 일본에 높은 관심의 대상이 되었다는 것을 의미한다. 대마도나 부산에서 울릉도로 오고 가는 길에 독도를 지나게 된다. 대마도 주민들이 울릉도의 존재를 알았을 때 독도의 존재도 알았을 것이다.

돗토리현 주민들은 울릉도, 오키섬 주민들은 독도 영유권을 주장하다

울릉도에 대한 영유권을 주장한 두 번째 일본인들은 돗토리현 주민들이다. 돗토리현 주민 중 한 가문 사람들이 17세기 초 태풍을 만나 표류하다가 울릉도에 도착했다. 이때 울릉도에 전복 등 많은 자원이 있는 것을 알게 되었다. 그때부터 막부로부터 도해 특허장을 받아 울릉도에서 전복이나 고기잡이를 했다. 그러다가 17세기 말 울릉도에 와서 고기잡이 하던 조선인들을 만나 영유권 분쟁을 겪는다. 이 사건에 관여된 인물이 안용복이다.

안용복 일행은 처음에는 일본 어민들에게 납치되어 일본으로 갔다. 이것이 단초가 되어 일본 막부와 조선 정부는 영토 분쟁을 겪는다. 안용복 일행은 두 번째로 일본에 갔다. 일본 정부로부터 울릉도에 대한 영유권을 확인받기 위해서였다. 안용복 일행은 울릉도에서 고기잡이하던 일본인들을 쫓아 오키섬을 거쳐 일본으로 갔다. 오키섬 사람들이 울릉도로 간 것이 아니라 독도에 갔다고 변명하자 안용복은 독도에 대해 "그 섬은 자산도인데 그것도 조선 영토이다"라는 주장을 했다. 우산도(于山島)의 우(于)자를 자(子)자로 읽은 것으로 보인다. 조선인과 일본인이 독도에 대해 서로 영유권을 주장했다는 최초의 사건이라 할 수 있다.

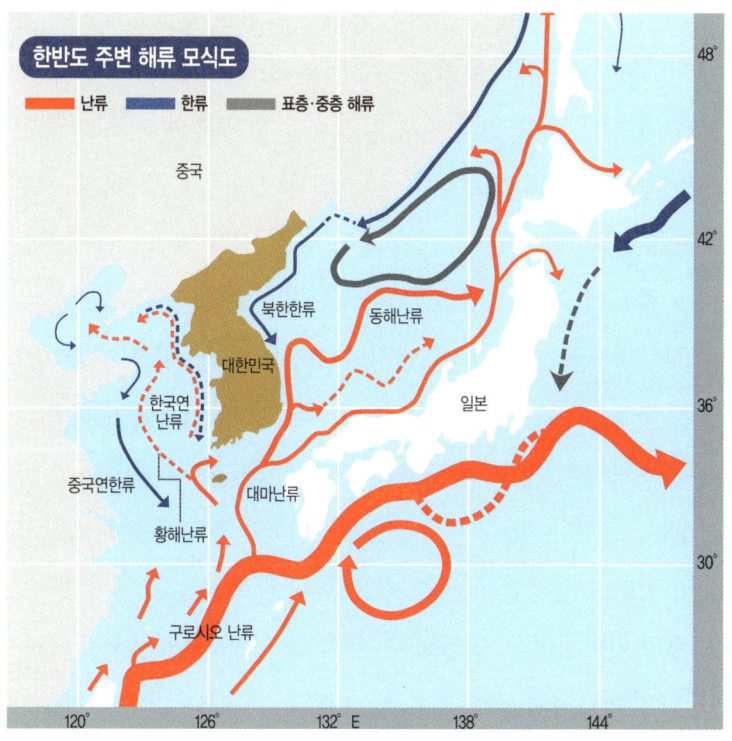

(출처: 국립해양조사원)

나. 죽도도해금지령(竹島渡海禁止令)

죽도도해금지령(竹島渡海禁止令).

일본인들은 울릉도를 죽도(竹島), 독도를 송도(松島)라 불렀다. 죽(竹)은 대나무이고 송(松)은 소나무이다. 송죽(松竹)은 추운 겨울에도 잎이 지지 않기 때문에 정결과 지조가 굳은 사람을 비유하는 나무이다. 일본인들이 울릉도로 가다 보면 독도를 먼저 만난다. 그래서 앞에 있는 섬을 송도, 뒤에 있는 섬을 죽도라 부른 것으로 보인다.

일본 정부는 17세기 말 당시의 조선 정부와 일본 막부와의 영토 분쟁을 인정해 왔다. 당시의 일본 막부가 울릉도로의 도해는 허락하지 않고 독도로의 도해는 금지하지 않았다고 주장했다. 그러나 막부가 울릉도뿐 아니라 독도에 대해서도 조선의 영토로 인정했다는 증거가 있다. 막부는 1695년 12월 24일 돗토리번주에게 울릉도와 부속 도서에 대해 문서로 묻는다. 《의죽도사략(礒竹島事略)》이라는 책에는 돗토리번주가 막부의 질의에 대해 다음과 같이 답변했다고 기록되어 있다.

1. 죽도(울릉도) 외에 송도(독도)라고 하는 섬이 있어, 이나바국(因

幡國), 호키국(伯耆国) 에 부속하는 섬이냐고 물은 것에,
위 건에 송도는 두 곳에 속하지 않습니다. 죽도에 도해하는 길에 있는 섬입니다.
1. 죽도가 이나바국, 호키국에서 거리가 얼마나 되느냐고 물은 것에,
인번국에서 죽도에는 도해하지 않습니다. 호키국에서 뱃길로 160리 정도에 있습니다.
1. 죽도에서 조선국에의 거리가 얼마나 되느냐고 물은 것에,
해상의 거리는 알지 못하지만 대개 40여 리 정도에 있다고 도사공들은 같이 말합니다.

일본 막부는 울릉도와 독도에 대한 조사를 한 후 1696년 5월 어려운 결정을 내린다. 막부는 대마도의 관계자를 불러 다음과 같은 명령을 내린다.

"죽도의 땅이 이나바(因幡, 현재 돗토리현 동북부 지역)에 속한다고 해도 아국인이 거주한 적이 없고 태덕군 시대에 요나고 백성이 그 섬에서 고기 잡는 일을 청원하였기에 이를 허락하였다. 지금 그 자리를 측정하니 인번에서 160해리 정도, 조선에서 40해리 정도이다. 이것으로 그들이 경계로 삼았다는 것은 의심할 바 없다.

만약 무력을 사용한다면 이를 얻을 수도 있겠지만 필요 없는 작은 섬을 취함으로 인접국과의 사이를 나쁘게 할 수는 없으며, 또한 처음에 이를 그들에게서 빼앗은 것이 아니니 또다시 이를 돌려주는 것도 아니다. 다만 아국인이 왕래하여 어획함을 금지할 뿐이다. 서로 다투어 분쟁이 계속되는 것보다는 서로 평안함이 상책이니 이러한 뜻으로 조선과 논의하라."

이후에 일본 막부가 일본인들에게 내린 명령이 죽도도해금지령(竹島渡海禁止令)이다. 울릉도로 항해하는 것 자체를 금지한 것이다. 일본 정부는 당시 일본 막부가 일본인이 죽도, 즉 울릉도로 가는 것을 금지했지 독도인 송도로 가는 것을 금지하지 않았다고 주장해 왔다. 돗토리현 주민들은 울릉도로 처음 항해할 때도 특허장을 받았다. 일본 정부의 주장대로 독도로 항해하는 것을 허락했다면 독도 항해 특허장을 발행했을 것이다. 실제 일본 정부나 시마네현에서는 독도로 항해한 송도항해특허장을 찾기도 했다. 일본 막부가 울릉도의 영유권을 조사할 때 울릉도뿐 아니라 독도의 영유권에 대해서도 조사를 했고 그 결과 죽도도해금지령을 내린 것이다. 울릉도뿐 아니라 독도로 항해하다 적발당한 일본 어민들은 엄중한 처벌을 받았다.

다. 시마네현은 왜 독도를 송도라 하지 않고 죽도라 했을까?

 일본인들이 울릉도를 다시 방문하게 된 것은 1876년 강화도조약 체결 이후이다. 강화도조약으로 원산, 부산, 제물포를 개항했다. 시마네현 사카이미나토시에 있는 사카이항은 당시에도 국제선을 운항하는 항구였다. 사카이항을 떠나 원산으로 가는 항로 중간에 울릉도가 있다. 원산이나 부산으로 가던 국제선박들은 울릉도에 들러 땔감이나 물을 보충했다. 울릉도로 가는 항로에 독도가 있다. 울릉도, 원산으로 가는 항해 길에 독도를 마치 등대처럼 활용하였다.
 1876년 일본의 신문이나 여러 기록을 보면 죽도, 즉 울릉도에 관한 것들은 많이 있다. 그러나 송도, 즉 독도에 관한 기록은 찾아보기 힘들다. 일본 정부나 일본 학자들이 곤혹스러워하는 것 중의 하나는 1876년 울릉도에 관한 수많은 기록이 있다가 1905년 갑자기 송도인 독도를 죽도라고 부르게 된 것이다. 일본인들은 수백 년 동안 송도라고 불렀던 독도를 갑자기 죽도라고 부르게 된 것을 제대로 설명하지 못하고 있다.

울릉도 주변에 부속 섬이 44개가 있다. 이 중 가장 큰 부속 섬이 죽도이다. 대나무가 많이 자생하여 대섬, 대나무섬, 댓섬이라고도 불렀고 한자어 표기로 죽도(竹島)라 했다. 1900년도 대한제국 칙령 제41호에는 대나무섬을 죽도라고 표기하고 있다. 그 이전부터 주민들이 대나무섬 또는 죽도라고 불렀을 것이다. 일본인들이 공식적으로 울릉도에 입항하게 된 것은 1876년 강화도조약 체결 이후이다. 일본에서 울릉도 저동 항구로 들어오다 보면 오른쪽에 보이는 섬이 죽도이다. 돗토리현이나 시마네현에서 살던 사람들은 일본 먼 바다 한가운데 죽도와 송도가 있다는 것을 알았지 구체적인 어느 섬이 죽도이고 어느 섬이 송도인지 몰랐다. 그런데 울릉도 저동 항구 오른쪽에 죽도가 있었으므로 울릉도를 송도로 잘못 알게 된 것이다.

1905년 당시 일본에는 동해안의 상세한 지도가 있었다. 일본과 가까운 동해뿐 아니라 남극까지 가서 고래잡이를 했다. 수백 년 동안 울릉도와 독도의 존재를 알고 있는 일본 중앙정부가 죽도와 송도의 이름을 바꿀 리 만무하다. 수백 년 동안 송도라고 불렀던 독도를 죽도라고 부른 것 자체가 일본인들이 독도의 소유 의식이 희박했다는 것을 의미한다.

라. 1877년 태정관 지령

독도의 논쟁을 종식 시킬 수 있는 결정적인 자료는 1877년 3월 29일자 태정관 지령이다. 태정관(太政官, Dajokan)이란 고대 일본의 나라(奈良) 시대인 710년부터 헤이안(平安) 시대인 857년까지 국가의 일을 총괄했던 관청이다. 1868년 메이지 유신 이후 일왕이 실질적인 권력을 회복한 후 고대 시대 최고 행정관청 이름이 부활하여 입법부와 행정부의 역할을 겸하였다. 태정관 직제는 1885년에 폐지되었다. 태정관은 울릉도와 독도가 일본의 영토가 아님을 확인하고 이를 지령으로 내린 것이다.

메이지 정부 최고 행정관청인 태정관이 1877년 3월 29일 내린 지령의 내용은 다음과 같다.

"죽도(竹島) 외 일도(一島) 건은 본방(本邦)과 관계없음을 심득(心得) 할 것"

죽도는 일본인들이 울릉도를 부르는 명칭이다. 뒤에 나오는 일도(一島)는 일본인들이 송도라 부르는 독도이다. 17세기 말 울릉도와 독도를 둘러싼 영토 분쟁이 일어났을 때 막부는 돗토리번주에게 울릉도와 독도의 위치와 소유 관계를 물었다. 그 결과로 죽도도해금지령, 즉 울릉도로 항해하는 것조차 금지한 것이다. '본 방'은 일본을 말하며 울릉도와 독도가 일본과 관련이 없다는 것을 명심하라고 지령을 내려 보낸 것이다.

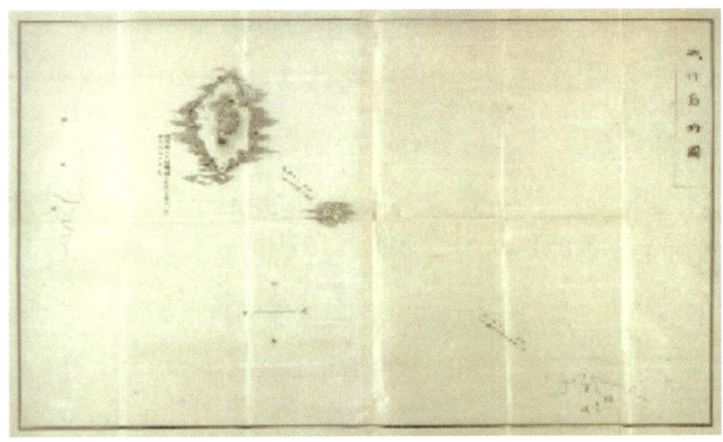

태정관 지령에 부속된 지도

1877년 태정관 지령의 존재는 1987년 호리 가즈오 교토대학 교수에 의하여 세상에 알려지게 되었다. 태정관 지령의 존재가 알려진 이후에도 일본 정부와 일부 일본 학자들은 '죽도 외 일도'가 독도를 말하는 것이 아니라 울릉도 인근의 섬을 지칭하는 것이라 주장하였다. 2006년 우르시자키 히데유키 일본 가나자와 교회 목사에 의하여 태정관 지령에 첨부된 지도의 존재가 알려진 이후 일본 정부와 일본 학자들의 대응 논리는 달라지기 시작했다. 1877년 태정관 지령이 발견되기 전에 일본 정부는 독도는 주인이 없는 섬이어서 1905년 일본 시마네현 소속의 섬으로 편입했다고 주장해 왔다. 그런데 태정관 지령과 지령에 첨부된 지도까지 발견됨으로써 일본 정부가 주장해 왔던 근거가 하루아침에 무너졌기 때문이다.

　울릉도와 독도가 일본과 관계없다는 태정관 지령이 내려지게 된 시대적 배경은 다음과 같다. 1872년 메이지 정부는 조세제도를 개편하기 위하여 전답영대매매금지령을 폐지하고 개인이 토지를 사유할 수 있게 하였다. 동시에 개인이 소유한 토지에 대하여 세금을 부과하는 제도를 시행하였다. 세금 징수를 위한 과세 대상을 확정하기 위해서는 토지 측량이 필요하였다. 1874년에는 내무성지리료라는 기관을 신설하여 지적도 제작을 위한 지적을 조사하였다. 1876년 시마네현은 지적 조사를 하는 과정에서 울릉도와 독도의 소속 문제를 결정하기 위하여 내무성에 질의하게 되었다. 태정관은 이듬해인 1877년 울릉도와 독도는 일본과는 관계없다는 지령을 내리게 된다.

일본 국내에서는 토지에 세금을 부과하기 위하여 토지 측량을 하는 한편으로 대외적으로는 일본과 인접한 국가들과 국경을 정하는 작업을 하였다. 일본 정부는 1875년 러시아와 상트페테르부르크조약을 체결하여 사할린 섬 전체를 러시아의 영토로 하고 우루프 섬 이북의 북쪽 쿠릴 열도를 일본의 영토로 확정하였다. 1876년 일본은 조선과 강화도조약을 체결하였다. 이듬해 조선과의 국경을 정한 것이 1877년 태정관 지령이다. 메이지 정부가 수립된 이후 일본과 해양을 접하고 있는 러시아와 조선과의 국경을 조약과 지령으로 확정한 것이다. 대외적으로 일본의 영토를 확장하기 위한 침략 행위를 하기 전에 조선과 러시아와의 국경을 확정시킬 필요가 있었다.

1877년 태정관 지령이 영토 관련 지령이라는 것은 이 시기를 전후로 이루어진 일본의 영토 관련 조치를 보면 알 수 있다. 일본은 1875년 러시아와 조약을 체결하여 국경선을 정한다.

이듬해인 1876년 동경에서 무려 약 1,000km 떨어진 오가사와라 제도를 일본 영토로 편입한다. 1879년에는 류큐국 국왕을 폐위하고 오키나와라는 이름으로 일본의 영토로 편입시킨다. 당시의 사정을 감안하더라도 일본이 류큐국을 폐지하고 일본의 영토로 편입한 것은 국제적인 문제가 될 수 있는 사안이었다.

17세기 말 울릉도와 독도를 둘러싼 영토 분쟁의 결과와 1877년 태정관 지령은 독도가 대한민국의 영토인 국제법적 근거가 된다.

마. 1900년 대한제국 칙령 제41호와 1905년 시마네현 고시 제40호

- 중앙 정부 고시와 지방 정부 고시의 차이

1900년 10월 25일 대한제국 광무 황제는 울릉도에 대한 행정 개편을 단행하는 칙령 제41호를 승인하고 관보에 공표하였다.

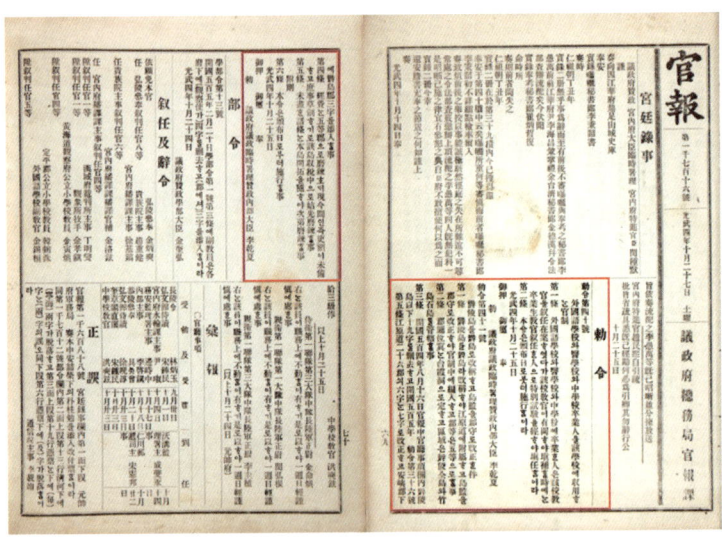

대한제국 칙령 제41호

1900년 10월 25일 칙령 제41호는 6개의 조문으로 구성되어 있다. 제2조에는 "군청의 위치는 태하동으로 정하고 구역은 울릉전도와 죽도, 석도를 관할 할 사"라고 되어 있다. 석도가 독도이다.

1950년대부터 일본 정부는 "주인 없는 섬이었던 독도를 1905년 2월 22일 시마네현 고시 제40호에 의하여 죽도라는 이름으로 일본 영토로 편입하였다. 이는 국제법적 공시 요건을 만족시키고 있다"고 주장해 왔다. 이영훈 교수도 《반일종족주의》라는 저서에서 1905년 2월 22일 시마네현 고시 제40호에 의하여 일본 영토로 편입한 것을 독도가 일본 영토라는 결정적인 근거라고 주장하고 있다.

그러나 이영훈 교수의 주장은 일본 정부의 주장 흐름에도 미치지 못하는 것이다. 일본 주민들은 죽도도해금지령에 의하여 1876년 강화도조약이 체결되기까지는 공개적으로 울릉도와 독도에 접근할 수 없었다. 따라서 독도에 대해 주장할 근거가 거의 없다. 일본 정부는 1905년 독도를 시마네현 영토로 편입한 것을 독도 영유권 주요 논거로 설명해왔다. 그러나 1906년은 일본 제국주의 침략의 한 가운데 있는 시기이다.

일본에 우호적인 외국 지식인들조차 일본의 주장에 동의하지 않는 이들이 많았다. 국제적으로 공인된 일본 제국주의 침략 시기는 1895년 청일전쟁이다. 1905년 한국과 일본 한가운데 있는 섬을 '주인 없는 섬이어서 일본 영토로 편입했다'는 것이 얼마나 빈약한 논리인가를 일본 정부도 검증을 마쳤다. 그래서 요즘은 1905년 시마네현의 독도 편입을 전면에 내세우지 않는다.

시마네현 고시 제40호

일본의 주장 논거는 2012년 이전과 이후가 다르다. 그 이유 중의 하나가 독도를 일본 영토로 편입한 1905년 시마네현 고시 제40호가 일본 제국주의 침략의 상징이 되어버렸고, 시마네현 고시 제40호가 관보나 일간 신문에 공고되지 않아 국제법적 효력을 주장하기 어렵게 되었기 때문이다.

시마네현의 영토 편입은 지방자치단체가 행한 것이고 대한제국 칙령은 중앙 정부에서 직접 시행한 것이다. 국제간의 영토 분쟁에서 지방자치단체가 시행한 것은 국가가 시행한 것보다 효력 면에서 뒤떨어진다.

최근 일본 정부의 독도 주장 논리는 다음과 같다.

1. 일본은 독도에 대한 영유권을 17세기에 확보했다.

2. 1905년 시마네현 고시 제40호로 독도의 영유권을 재확인하였다.

3. 1951년 9월 체결된 샌프란시스코강화조약에서 독도는 일본의 영토라고 명확하게 확인되었다.

4. 국제사법재판소에서 독도 문제가 평화적으로 해결되어야 한다.

일본 국방 무관에게 독도 설명하기

　독도를 설명할 기회가 있다면 일본의 주장에 대응하여 설명할 필요가 있다. 교사는 물론 학생들이 일본 교사나 학생들과 독도 문제를 논쟁하거나 토론할 기회는 거의 없다. 일본 학교와 교류하는 학교들도 독도 문제를 의도적으로 논의하지 않는다. 경제인들도 사업과 관련된 것을 이야기하고 사석에서도 독도를 좀처럼 언급하지 않는다. 그런데 해마다 한국 공무원이 일본 공무원에게 독도에 대하여 공식적으로 설명하는 사안이 있다.

　일본 방위성은 2004년부터 방위백서에 독도를 일본 영토로 표시하고 있다. 매년 일본 방위백서가 발표되면 우리나라 국방부는 일본 대사관에 근무하는 국방 무관을 국방부로 불러서 항의한다. 한국에 있는 일본 대사관에 근무하는 국방 무관은 일본 방위성에서 파견하는 공무원이다. 일본 국방 무관은 일본 자위대에서도 우수한 대원이다. 일본으로 귀국해서도 방위성이나 자위대 주요 부서에서 근무하게 될 것이다. 일본 방위성 방위백서가 발표될 때마다 분풀이하듯이 항의하기보다는 독도가 지리적으로, 역사적으로, 국제법적으로 대한민국의 영토임을 차분하게 설명할 필요가 있다. 일본 방위성이나 자위대에서 독도에 대해 잘 알고 있는 자위대원이 늘어 가면 독도는 분쟁보다는 평화의 길로 해결해 갈 수 있다. 상대를 설득하기 위해서는 상대의 주장을 우선 들어야 하고 상대 주장의 논리에 차분히 대응할 필요가 있다.

일본 국방 무관에게 독도를 다음과 같이 설명할 수 있다.

1. 대한민국 동해안에서 울릉도를 볼 수 있고, 울릉도에서 독도를 볼 수 있다. 《삼국사기》, 《삼국유사》, 《세종실록 지리지》 등 우리나라 역사 책과 지리책에 기록되어 있다.

2. 17세기 울릉도와 독도를 둘러싼 조선과 일본의 영토 분쟁이 있었다. 1699년 일본 막부가 죽도도해금지령을 내려 분쟁이 종료되었다. 일본 정부는 이 금지령으로 울릉도로의 도해를 금지한 것이지 독도로 도해하는 것을 금지한 것은 아니라고 주장해 왔다. 그러나 1877년 태정관 지령이 발견되어 당시 일본 막부가 울릉도뿐 아니라 독도로 도해하는 것을 금지했다는 것이 재확인되었다.

3. 1945년 9월 2일 일본이 서명한 항복문서에는 포츠담선언과 선언의 이행 조치를 받아들인다고 기록되어 있다. 일본의 영토와 관련된 SCAPIN은 모두 3개이다. 샌프란시스코강화조약이 체결된 뒤인 1951년 12월 5일 발령된 SCAPIN 677/1에 따르면 독도는 일본의 영토가 아니다.

4. 대한민국 국방부는 독도에 대해서 더 논의하고 조사하는 데 열린 자세로 임할 것이다.

대화를 통해 평화를 열다

2019년 노벨화학상을 수상한 요시노 아키라씨는 한국 언론과의 인터뷰를 통해 악화된 한일관계에 대한 해법으로 "서로 하고 싶은 말을 다 쏟아내야 한다"는 의견을 제시했다. "어쩔 수 없는 수준까지 서로 옥신각신하다 보면 양쪽에서 그러지 말자는 분위기가 생기게 된다"는 것이다.

독도는 학자들이나 교사들 수준에서든 학생들 수준에서든 서로 이야기하다 보면 독도의 영유권에 대해 일본의 주장이 빈약함이 드러나게 되어 있다. 2019년 7월에 시작된 일본의 반도체 소재 수출 규제와 한국을 화이트리스트에서 삭제한 것으로 인해 한일관계는 극도로 악화하고 있다. 그러나 무역 갈등도 언젠가는 해결해 나갈 것이다. 영토 갈등은 무역 갈등의 차원을 넘는다. 미리 독도에 관한 지식을 갖추어 대비하고 있으면 언제든지 대화의 길은 열릴 것이다. 대화에 대화를 이어가다 보면 평화를 여는 단초가 될 수 있을 것이다.

참고자료

카이로선언

포츠담선언

항복문서(일본 무조건항복선언 서명 문서)

샌프란시스코강화조약

카이로선언

1943년 12월 1일 제1차 카이로 회의(루즈벨트, 처칠, 장개석, 11월 22-26일) 이후 발표된 일본의 전후 처리에 관한 성명서

수차례 걸친 군사 관계 회의에서 향후 대일 군사작전에 대하여 합의했다. 3대 연합국은 해상, 육지, 영공으로 잔혹한 적들에 대한 끊임없는 압박을 가하겠다는 결의를 표명했다. 이 압력은 이미 시작되고 있다.

3대 연합국은 일본의 침략을 억제하고 응징하기 위해 이 전쟁을 벌이고 있다. 연합국은 자기 자신을 위해 어떠한 이익도 탐내지 않고 영토 확장에 대해서도 생각하지 않는다. 연합국의 목적은 1914년 제1차 세계대전이 발발한 이래 일본이 점령하거나 점령한 태평양의 모든 섬을 박탈하고 만주, 포모사, 페스카도레스 등 일본이 중국으로부터 빼앗은 영토를 중국

으로 복원하는 것이다. 일본은 폭력과 탐욕으로 빼앗은 다른 모든 영토에서 추방될 것이다. 앞서 말한 3대 연합국은, 한국 국민의 노예 상태를 염두에 두고, 정당한 절차에 따라 한국이 자유롭고, 독립할 것을 결의한다.

 이러한 목적들을 실현하기 위하여 3개 연합군은 일본과의 전쟁에서 유엔과 조화를 이루면서, 일본의 무조건항복을 받아내는 데 필요한 진지하고 장기적인 군사작전을 계속 견지할 것이다.

Cairo Declaration

Statement of 1 December 1943 issued after the First Cairo Conference (between Roosevelt, Churchill, and Chiang Kai-shek, 22-26 November) on the Post-War Treatment of Japan

The several military missions have agreed upon future military operations against Japan. The Three Great Allies expressed their resolve to bring unrelenting pressure against their brutal enemies by sea, land, and air. This pressure is already rising.

The Three Great Allies are fighting this war to restrain and punish the aggression of Japan. They covet no gain for themselves and have no thought of territorial expansion. It is their purpose that Japan shall be stripped of all the islands in the Pacific which she has seized or occupied since the beginning of the first World War in 1914, and that all the territories Japan has stolen from the Chinese, such as Manchuria, Formosa, and the Pescadores, shall be restored to the Republic of China. Japan will also be expelled from all other territories which she has taken by violence and greed. The aforesaid three great powers, mindful of the enslavement of the people of Korea, are determined that in due course Korea shall become free and independent.

With these objects in view the three Allies, in harmony with those of the United Nations at war with Japan, will continue to persevere in the serious and prolonged operations necessary to procure the unconditional surrender of Japan.

포츠담선언

일본의 항복 조건을 규정하는 선언서
1945년 7월 26일 포츠담에서 발표

1. 우리 미합중국의 대통령, 중화민국 국민 정부의 총통, 그리고 대영제국의 수상은 수억 명의 우리 동포들을 대표하여 일본에 이 전쟁을 끝낼 기회를 주어야 한다는 것에 대해 협의했고 합의에 이르렀다.
2. 미합중국, 대영제국과 중국은 엄청난 육군·해군·공군이 서방으로부터 병력과 항공 함대를 보충받으면서 일본을 향한 최후의 일격을 가할 태세를 마쳤다. 이 군사력은 일본이 저항을 멈출 때까지 전쟁을 수행할 연합국 전체의 결의에 따라 유지되고 동시에 강화된다.
3. 전 세계 자유인들의 힘에 대한 독일의 무의미하고 헛된 저항의 결과는 일본 국민에게 하나의 사례로써 매우 명

확하게 드러났다. 이제 일본에 집중되는 그 힘은 저항하는 나치에 가했을 때, 어쩔 수 없이 모든 독일 인민들의 산업과 삶의 터전인 땅들을 초토화 시켰을 때보다도 가늠할 수 없을 만큼 강력하다. 우리의 결의에 따라 우리의 모든 군사력이 동원될 경우 일본군은 어쩔 수 없이 완전히 파괴당할 뿐 아니라 일본 전역이 철저하게 파괴될 것이다.

4. 일본이 일본제국을 절멸의 문턱까지 끌고 온 우둔한 계산을 한 아집에 찬 군국주의자 조언자들에게 계속 지배당할 것인지, 아니면 이성으로 향하는 길을 따를 것인지를 결정할 시간이 도래했다.

5. 우리의 요구 조건은 아래와 같다. 우리는 이 요구 조건에서 벗어나지 않을 것이다. 다른 대안은 없다. 우리는 어떤 지연도 용납하지 않을 것이다.

6. 우리는 새로운 평화의 질서, 안전과 정의가 무책임한 군국주의를 지구상에서 몰아내지 않는 한 불가능할 것이라고 주장하는 바이기에, 일본 국민을 세계 정복에 착수시킴으로써 기만하고 잘못 이끈 자들의 권력과 영향력을 영원히 제거해야 한다.

7. 이러한 새로운 질서가 확립될 때까지, 그리고 일본이 전쟁을 일으킬 만한 힘이 남아 있지 않다는 설득력 있는 증거가 생길 때까지, 우리가 주장한 필수적인 목표들을 확실하게 달성하기 위해 연합군은 일본 내의 특정 지점들을 지정하고 점령할 것이다.
8. 카이로선언의 요구 조건들이 이행될 것이며 일본의 주권은 혼슈와 홋카이도, 큐슈와 시코쿠, 그리고 우리가 결정하는 부속 도서로 제한될 것이다.
9. 일본군은 완전히 무장 해제한 후, 평화롭고 생산적인 삶을 살 수 있도록 집으로 돌아갈 수 있다.
10. 우리는 일본 민족이 노예가 되거나 국가로서 일본국이 멸망하기를 바라지 않는다. 그러나 우리의 포로들을 학대한 자들을 포함한 모든 전범은 엄격하게 재판 받을 것이다. 일본 정부는 일본 인민들의 민주주의적 성향의 부활과 강화를 가로막는 모든 장애물을 제거해야 한다. 기초적인 인권을 존중하는 것뿐만 아니라 언론, 종교, 그리고 사상의 자유가 확립되어야 한다.
11. 일본은 자국의 경제를 유지하면서, 현물로써 적절한 배상을 할 수 있는 산업을 유지할 수 있도록 허용하지만

재무장해서 전쟁을 일으킬 수 있는 소지가 있는 산업은 허용하지 않을 것이다. 이를 위해, 지배와는 구별되는, 원자재에 대한 접근이 허가될 것이다. 최종적으로는 일본의 세계 무역 거래의 참여가 허가될 것이다.

12. 연합국의 점령군은 이러한 목표가 완수되고 일본 인민들의 자유로운 의지에 따라 평화를 지향하는 책임 있는 정부가 수립되는 즉시 일본에서 철수할 것이다.

13. 우리는 일본 정부에게 이제 일본군의 무조건항복을 선언하고 이러한 조치에 대한 일본 정부의 적절하고 충분한 성의 있는 보장을 제공할 것을 촉구한다. 그렇게 하지 않을 경우 일본은 지금 당장 완전한 파괴를 당할 것이다.

Potsdam Declaration

Proclamation Defining Terms for Japanese Surrender
Issued, at Potsdam, July 26, 1945

1. We—the President of the United States, the President of the National Government of the Republic of China, and the Prime Minister of Great Britain, representing the hundreds of millions of our countrymen, have conferred and agree that Japan shall be given an opportunity to end this war.
2. The prodigious land, sea and air forces of the United States, the British Empire and of China, many times reinforced by their armies and air fleets from the west, are poised to strike the final blows upon Japan. This military power is sustained and inspired by the determination of all the Allied Nations to prosecute the war against Japan until she ceases to resist.

3. The result of the futile and senseless German resistance to the might of the aroused free peoples of the world stands forth in awful clarity as an example to the people of Japan. The might that now converges on Japan is immeasurably greater than that which, when applied to the resisting Nazis, necessarily laid waste to the lands, the industry and the method of life of the whole German people. The full application of our military power, backed by our resolve, will mean the inevitable and complete destruction of the Japanese armed forces and just as inevitably the utter devastation of the Japanese homeland.
4. The time has come for Japan to decide whether she will continue to be controlled by those self-willed militaristic advisers whose unintelligent calculations have brought the Empire of Japan to the threshold of annihilation, or whether she will follow the path of reason.
5. Following are our terms. We will not deviate from

them. There are no alternatives. We shall brook no delay.

6. There must be eliminated for all time the authority and influence of those who have deceived and misled the people of Japan into embarking on world conquest, for we insist that a new order of peace, security and justice will be impossible until irresponsible militarism is driven from the world.

7. Until such a new order is established and until there is convincing proof that Japan's war-making power is destroyed, points in Japanese territory to be designated by the Allies shall be occupied to secure the achievement of the basic objectives we are here setting forth.

8. The terms of the Cairo Declaration shall be carried out and Japanese sovereignty shall be limited to the islands of Honshu, Hokkaido, Kyushu, Shikoku and such minor islands as we determine.

9. The Japanese military forces, after being completely

disarmed, shall be permitted to return to their homes with the opportunity to lead peaceful and productive lives.

10. We do not intend that the Japanese shall be enslaved as a race or destroyed as a nation, but stern justice shall be meted out to all war criminals, including those who have visited cruelties upon our prisoners. The Japanese Government shall remove all obstacles to the revival and strengthening of democratic tendencies among the Japanese people. Freedom of speech, of religion, and of thought, as well as respect for the fundamental human rights shall be established.

11. Japan shall be permitted to maintain such industries as will sustain her economy and permit the exaction of just reparations in kind, but not those which would enable her to re-arm for war. To this end, access to, as distinguished from control of, raw materials shall be permitted. Eventual Japanese participation in world

trade relations shall be permitted.

12. The occupying forces of the Allies shall be withdrawn from Japan as soon as these objectives have been accomplished and there has been established in accordance with the freely expressed will of the Japanese people a peacefully inclined and responsible government.

13. We call upon the government of Japan to proclaim now the unconditional surrender of all Japanese armed forces, and to provide proper and adequate assurances of their good faith in such action. The alternative for Japan is prompt and utter destruction.

항복문서 (일본 무조건항복선언 서명 문서)

 우리는 미합중국, 중화민국 그리고 대영제국의 정부 수반이 1945년 7월 26일 포츠담에서 발표하고 그 후 소비에트사회주의공화국연방이 참가한 선언의 조항을 일본국 천황, 일본국 정부 그리고 일본 대본영의 명에 의하여 수락하는 바이다. 이 4대국은 이하 연합국이라 칭한다.
 우리는 이로써 일본 대본영과 현재 어디에 있건 모든 일본군과 일본 지배하의 모든 군대가 연합국에게 무조건 항복함을 포고한다.
 우리는 이로써 어떠한 위치에 소재함을 불문하고 일체의 일본군과 일본 국민이 적대행위를 즉시 중단하고, 일체의 선박, 항공기, 군용 및 민간재산을 보존하고 이것의 훼손을 방지하며, 연합국최고사령관이나 그의 지시에 따라 일본 정부의 여러 기관이 부과할 수 있는 모든 요구에 응할 것을 명한다.

우리는 이로써 일본 대본영이 어떠한 위치에 소재함을 불문하고 일체의 일본군과 일본국의 지배하에 있는 일체 군대의 지휘관에 대하여 자신과 그 지배하에 있는 일체의 군대가 무조건으로 항복하는 명령을 즉시 발할 것을 명령한다. 일체의 관청, 육군 및 해군의 직원에 대하여 연합국최고사령관이 본 항복 실시를 위하여 적당하다고 인정하고서 자신이 발하고 혹은 위임으로 발하는 일체의 포고 명령과 지시를 준수하고 또 이것을 시행할 것을 명하고 또 직원이 연합국최고사령관에 의하여 특히 임무를 해제당하지 않는 한 각자의 지위에 머무르고 또한 계속하여 각자의 비전투적 임무를 행할 것을 명한다.

  우리는 이로써 포츠담선언의 조항을 성실히 이행하고 그 선언을 실행하기 위하여 연합국최고사령관 또는 기타 특정의 연합국 대표자가 요구할 수 있는 일체의 명령을 발하며 또 일체의 조치를 취할 것을 천황, 일본 정부가 보장한다.

  우리는 이로써 일본 정부 및 일본 대본영에 대하여 현재 일본국의 지배하에 있는 일체의 연합국 포로 및 피억류자를 즉시 석방하며, 그들을 보호하고 보살피고 부양하며 지시된 장소로의 즉시 전송을 위한 조치를 할 것을 명한다.

천황과 일본 정부의 국가 통치의 권한은 본 항복조항을 실시하기 위하여 적당하다고 그가 생각하는 조치를 취할 연합국최고사령관에게 종속된다.

1945년 9월 2일 9시 4분
일본 동경만에서 서명함.

Instrument of Surrender

We, acting by command of and in behalf of the Emperor of Japan, the Japanese Government and the Japanese Imperial General Headquarters, hereby accept the provisions set forth in the declaration issued by the heads of the Governments of the United States, China and Great Britain on 26 July 1945, at Potsdam, and subsequently adhered to by the Union of Soviet Socialist Republics, which four powers are here after referred to as the Allied Powers.

We hereby proclaim the unconditional surrender to the Allied Powers of the Japanese Imperial General Headquarters and of all Japanese armed forces and all armed forces under Japanese control wherever situated.

We hereby command all Japanese forces wherever situated and the Japanese people to cease hostilities forthwith, to preserve and save from damage all ships, aircraft, and military and civil property and to comply with all requirements which maybe imposed by the Supreme Commander for the Allied Powers or by agencies of the Japanese Government at his direction.

We hereby command the Japanese Imperial General Headquarters to issue at once orders to the Commanders of all Japanese forces and all forces under Japanese control wherever situated to surrender unconditionally themselves and all forces under their control.

We hereby command all civil, military and naval officials to obey and enforce all proclamations, orders and directives deemed by the Supreme Commander for the Allied Powers to be proper to effectuate this surrender and issued by him or under his authority and we direct all such officials to remain at their posts and to continue to perform their non-combatant duties unless specifically relieved by him or under his authority.

We hereby undertake for the Emperor, the Japanese Government and their successors to carry out the provisions of the Potsdam Declaration in good faith, and to issue whatever orders and take whatever action may be required by the Supreme Commander for the Allied Powers or by any other designated representative of the Allied Powers for the purpose of giving effect to that Declaration.

We hereby command the Japanese Imperial Government and the Japanese Imperial General Headquarters at once to liberate all allied prisoners of war and civilian internees now under Japanese control and to provide for their protection, care, maintenance and immediate transportation to places as directed.

The authority of the Emperor and the Japanese Government to rule the state shall be subject to the Supreme Commander for the Allied Powers who will take such steps as he deems proper to effectuate these terms of surrender.

Signed at TOKYO BAY, JAPAN at 0904 on the SECOND day of SEPTEMBER 1945.

샌프란시스코강화조약

　연합국과 일본은 앞으로 그들의 관계가 보편적인 복지, 국제 평화 및 안전을 유지하기 위해 우호적으로 협력하는 관계가 될 것이라고 결의하는 한편, 따라서 그들 간의 전쟁 상태가 지속되므로 미해결 중인 여러 문제를 해결하기 위한 평화조약을 체결하기를 바란다.

　일본은 유엔 가입을 지원하는 선언을 하고 어떤 상황에서도 유엔헌장의 원칙들을 준수하고 세계인권선언의 목적을 이해하고, 일본 내에서 유엔헌장 55조 및 56조에 규정된, 그리고 일본이 항복한 이후 이미 일본의 입법에 의해 시작된 안정과 복지에 관한 조건들을 조성하기 위해 노력하며, 공적 및 사적 무역 및 통상에서 국제적으로 인정된 공정한 관행들을 준수하고자 하므로

　연합국이 위에서 언급된 일본의 의지를 환영하므로

　연합국과 일본은 평화조약을 체결하기를 결정하고, 그에 따라 서명자인 전권대사들을 임명했다. 그들은 자신들의 전권 위임장에 의하여, 그것이 적절하고 타당하다는 것이 확인

된 후 다음 조항들에 동의한다.

제1장 평화

제1조

(a) 일본과 각 연합국과의 전쟁 상태는 일본과 제23조에 규정된 바와 같이 관련된 연합국 사이에서 현 조약이 시행되는 날부터 중단된다.

(b) 연합국은 일본 및 그 영해에 대한 일본 국민의 완전한 주권을 인식한다.

제2장 영토

제2조

(a) 일본은 한국의 독립을 인식하고 제주도, 거문도 및 울릉도를 포함하여 한국에 대한 모든 권리, 권원 및 청구권을 포기한다.

(b) 일본은 타이완과 펑후 제도에 대한 모든 권리, 권원 및 청구권을 포기한다.

(c) 일본은 쿠릴 열도, 그리고 1905년 9월 5일 포츠머스조약의 결과로 획득한 사할린과 인접한 도서에 대한 모든 권리, 권원 및 청구권을 포기한다.

(d) 일본은 국제연맹의 위임통치 제도와 관련된 모든 권리와 권원 및 청구권을 포기하고, 이전에 일본 통치하에 있던 태평양 제도에 신탁통치를 확대하는 1947년 4월 2일의 유엔안전보장이사회의 조치를 수용한다.

(e) 일본은 일본의 활동으로부터 비롯된 것이건 아니면 그 밖의 활동으로부터 비롯된 것이건 간에, 남극 지역과 관련된 권리나 권원 또는 이익에 대한 모든 청구권을 포기한다.

(f) 일본은 스프래틀리 섬들과 파라셀 섬들에 대한 모든 권리, 권원 및 청구권을 포기한다.

제3조

일본은 류큐 제도와 다이토 제도를 포함한 북위 29도 남쪽의 난세이 제도, 보닌 제도, 로사리오 섬 및 화산 열도를 포함한 소후칸 남쪽의 난포 제도와 파레스 벨라 오키노토리 섬과 마르쿠스 섬을 미국을 유일한 통치 당국으로 하는 신탁통치 하에 두고자 미국이 유엔에 제시한 제안에 동의한다. 그러한 제안과 그에 대한 긍정적인 조치가 있을 때까지 미국은 그 영해를 포함한 그 섬들의 영토와 주민들에 대한 행정, 입법, 사법권을 행사할 모든 권리를 가지게 될 것이다.

제4조

(a) 이 조항의 (b)의 규정에 따라, 일본의 재산 및 제2조에 언급된 지역의 일본 국민의 재산의 처분, 현재 그 지역과 법인을 포함한 거류민을 통치하고 있는 당국자에 대한 그들의 채무를 포함한 청구권은, 일본과 그 당국자 간에 별도 협정의 주제가 될 것이다. 그리고 일본에 있는, 그 당국자나 거류민의 재산의 처분, 일본 및 그 국민을 상대로 하는 그 당국과 거류민의 부채를 포함한 청구권은, 일본과 그 당국자 간에 별도 협정의 주제가 될 것이다. 제2조에서 언급된 지역의 어떤 연합국이나 그 국민의 재산은, 현재까지 반환되지 않았다면, 현존하는 그 상태로 행정당국에 의해 반환될 것이다. (국민이란 용어를 현 조약에서 사용할 때는 법인을 포함한다.)

(b) 일본은 제2조와 제3조에 언급된 어떤 지역에 있는 미국 군사 정부에 의해 혹은 지침에 따라 행해진 일본과 일본 국민 재산에 대한 처분의 적법성을 인식한다.

(c) 본 조약에 의해서 일본의 지배에서 벗어난 지역과 일본을 연결하는 해저 케이블은 균등하게 분할될 것이며, 일본은 일본 측 터미널과 그에 접하는 절반의 케이블을 보유하고, 분리된 지역은 나머지 케이블과 그리고 연결된 터미널 시설을 갖는다.

제3장 안전

제5조

(a) 일본은 유엔헌장 제2조에서 제시된 의무를 수락하며, 특별히 다음과 같은 의무이다.

    (i) 국제 평화와 안전, 정의가 위협받지 않는, 그러한 평화적인 수단으로 국제적 분쟁을 해결해야 할 의무

    (ii) 일본의 국제적인 관계에서, 어떤 나라의 영토 보전이나 정치적인 독립을 해하거나 기타 어떤 식으

로든 유엔의 목적에 상반되는 방법의 위협이나 군사력의 행사를 자제하는 의무

(iii) 유엔이 헌장에 따라 취하는 조치라면 어떤 것이든 유엔을 지원하고, 유엔이 예방적이거나 제재하는 조치를 하는 어떤 나라도 지원하지 말아야 할 의무

(b) 연합국은 그들과 일본과의 관계에 있어서, 유엔헌장 제2조의 원칙에 의거할 것을 확인한다.

(c) 연합국의 입장에서, 일본이 주권 국가로서 유엔헌장 제51조에 언급된 개별적 혹은 집단적 고유 자위권을 소유하며, 자발적으로 집단 안보 조약에 가입할 수 있음을 인정한다.

제6조

(a) 본 조약이 시행되고 난 후 가능한 빠른 시일에, 어떤 경우라도 조약 시행 후 90일 이내에, 연합국의 모든 점령군은 일본에서 철수할 것이다. 그러나 이 조항의 어떤 내용도 1개 혹은 그 이상의 연합국을 일방으로 하고 일본을 다른 일방으로 해서 체결되었거나 체결될 상

호 간 혹은 다자간 협정에 의해 외국군을 일본 영토 내에 주둔시키거나 유지하는 것을 막지 않는다.
(b) 일본군의 귀환에 대해서 다루는 1945년 7월 26일 포츠담선언 제9조의 조항은, 아직 귀환이 완료되지 않은 범위에서 실행될 것이다.
(c) (그 보상비가 아직 지급되지 않았으며, 점령군의 사용을 위해 제공되어 본 조약이 시행되는 시점까지 점령군이 소유하고 있는) 일본의 모든 재산은, (상호 합의에 의해 다른 약정이 만들어지지 않는 한) 90일 이내에 일본 정부에 반환되어야 한다.

제4장 정치적 및 경제적 조항들

제7조
(a) 연합국의 각 나라는, 본 조약이 시행된 지 1년 안에, 일본에 전쟁 전에 체결된 일본과의 양자 간 조약이나 협약에 대해 그것을 계속 유지 또는 부활시킬 의사가 있는지를 통지한다. 그와 같이 통지된 어떤 조약이나 협약은 (본 조약의 적합성 보증에 필요한 개정사항을 준

수하기만 한다면) 계속 유지 되거나 부활된다. 그와 같이 통지된 조약 및 협약은 통지된 지 3개월 후에 계속 효력을 발생하거나 재개되며, 국제연합 사무국에 등록된다. 일본에 그와 같이 통지되지 않은 모든 조약과 협약들은 폐기된 것으로 간주된다.

(b) 이 조의 (a)항에 의해 실시되는 모든 통지는 (국제관계에서 통지의 의무가 있는 어떤 영토의) 조약이나 협약의 실행과 재개를 제외시킬 수 있다. 일본에 그러한 통지를 한 날로부터 3개월 뒤에는 그러한 예외는 중단된다.

제8조

(a) 일본은, 연합국에 의한 또는 평화 회복과 관련된 다른 협정들뿐 아니라, 1939년 9월 1일에 시작된 전쟁 상태를 종료하기 위해 연합국에 의해 체결된 모든 조약의 (현재 또는 앞으로의) 완전한 효력을 인식한다. 일본은 또한 종전의 국제연맹과 상설 국제사법재판소를 폐지하기 위해 만들어진 협약들을 수용한다.

(b) 일본은, 1919년 9월 10일의 생 제르메넹 라이 협약의 서명국 신분으로부터, 그리고 1936년 7월 20일의 몽트뢰

조약으로부터, 그리고 1923년 7월 24일에 로잔에서 터키와 체결한 평화조약 제16조로부터 유래될 수 있는 모든 권리와 이익들을 포기한다.

(c) 일본은, 1930년 1월 20일에 독일과 채권국 간에 체결한 협정과 (신탁 협정을 포함한) 1930년 5월 17일자 그 부속서, 1930년 1월 20일의 국제결재은행에 관한 조약 및 국제결재은행의 정관에 의해 획득한, 모든 권리와 권원 및 이익을 포기하는 동시에, 그러한 협정 등으로부터 비롯되는 모든 의무로부터 해방된다. 일본은 본 조약이 최초로 효력을 발생한 뒤 6개월 이내에 이 항과 관련된 권리와 권원 및 이익들의 포기를 프랑스 외무성에 통지한다.

제9조

일본은 공해 상의 어업의 규제나 제한, 그리고 어업의 보존 및 발전을 규정하는 양자 간 및 다자 간 협정을 체결하기를 바라는 연합국과 즉각 교섭을 시작한다.

제10조

일본은 1901년 9월 7일에 베이징에서 서명된 최종 의정서의 규정(그리고 부속서, 각서, 보충문서)으로부터 발생하는 모든 이익과 특권을 포함하여, 중국에 대한 모든 특별한 권리와 이익을 포기한다. 그리고 이와 함께, 일본에 관한 이른바 의정서, 부속서, 각서, 증서들을 폐기하는 데 동의한다.

제11조

일본은 극동국제군사재판소와 일본 안팎의 연합국 전범재판소의 판결을 받아들이고 이로써 일본 내에 수감된 일본인에게 선고된 형량을 수행한다. 형량 감경이나 가석방과 같은 사면권은 정부의 결정이나 사안별로 형량을 선고한 연합 정부의 결정, 그리고 일본의 추천이 있는 경우 이외에는 적용하지 않는다. 극동국제군사재판소에서 선고받은 피고인의 경우, 이와 같은 사면권은 재판소에서 표출된 과반수 국가의 결정, 그리고 일본 추천이 있는 경우 이외에는 적용하지 않는다.

제12조

(a) 일본은 무역, 해상 기타 통상 관계를 안정적이고 우호

적인 바탕 위에서 맺기 위해, 각 연합국과의 조약이나 협정 체결을 위한 교섭에 임할 준비가 되어 있음을 즉시 선언한다.
(b) 관련 조약이나 협정 체결이 아직 진행 중일 경우 일본은 현행 조약이 최초로 발효된 때로부터 4년간
 (1) 연합국의 각 나라, 국민, 생산물자와 선박에 다음의 대우를 한다.
  (i) 관세, 과금, 제한에 대한, 그리고 화물의 수출입에 관련된 또는 기타 규정에 대한 최혜국 대우
  (ii) 해운과 항해 및 수입 상품에 대한 내국민 대우, 자연인과 법인 및 그들의 이익에 대한 내국민 대우. ‒ 다시 말해 그러한 대우는 세금의 부과 및 징수, 재판을 받는 것, 계약의 체결 및 이행, (유형, 무형의) 재산권, 일본법에 따라 구성된 법인 참여 및 일반적으로 모든 종류의 사업 활동 및 직업 활동의 수행에 관한 모든 사항을 포함한다.
 (2) 일본 국영 상기업의 대외적인 매매는 오로지 상업적 고려만을 기준으로 하고 있다는 것을 보장한다.
(c) 하지만, 어떤 문제에서도, 일본은 관련된 연합국이 같

은 문제에 대해 일본에 내국민 대우나 최혜국 대우를 주는 범위 내에서만, 그 연합국에 내국민 대우나 최혜국 대우를 부담하여야 한다. 앞에서 규정한 상호주의는 생산품, 선박 및 (연합국의 어떤 비수도권 지역의) 자치단체, 그리고 그 지역에 거주하는 사람들의 경우에, 그리고 (연방 정부를 가지고 있는 어떤 연합국의 주나 지방의) 자치단체와 거주하는 사람들의 경우에, 그러한 지역이나 주 또는 지방에서 일본에 제공하는 대우를 참조하여 결정된다.

(d) 이 조를 적용함에, 차별적 조치는 그것을 적용하는 당사국의 통상 조약에서 통상적으로 규정하고 있는 예외에 근거를 둔 것이라면, 또는 그 당사국의 대외적 재정 상태나, (해운 및 항해에 관한 부분을 제외한) 국제 수지를 보호해야 할 필요에 근거를 둔 것이라면, 또는 긴요한 안보상의 이익을 유지해야 할 필요성에 근거를 둔 것이라면, 그리고 그러한 조치가 주변과 조화를 이루면서 자의적이거나 비합리적으로 적용되지 않는다면, 경우에 따라, 내국민 대우나 최혜국 대우를 허용하는 것과 상충하는 것으로 간주하지 않는다.

(e) 이 조에 의한 일본의 의무는 본 조약의 제14조에 의한 연합국의 어떠한 권리 행사에 의해서도 영향을 받지 않는다. 아울러 이 조의 규정들은 본 조약의 제15조에 따라 일본이 부담해야 할 약속들을 제한하는 것으로 해석되어서는 안 된다.

제13조

(a) 일본은 국제 민간항공운송에 관한 양자 간, 또는 다자 간 협정을 체결하자는 어떤 연합국의 요구가 있을 때는 즉시 해당 연합국과 협상을 시작한다.

(b) 일본은 그러한 협정들이 체결될 때까지, 본 조약이 최초로 발효된 때로부터 4년 간, 항공 교통권에 대해 그 효력이 발생하는 날에 어떤 해당 연합국이 행사하는 것에 못지않은 대우를 해당 연합국에 제공하는 한편, 항공 업무의 운영 및 개발에 관한 완전한 기회균등을 제공한다.

(c) 일본은 국제민간항공조약 제93조에 따라 동 조약의 당사국이 될 때까지, 항공기의 국제 운항에 적용할 수 있는 동 조약의 규정들을 준수하는 동시에, 동 조약의

규정에 따라 동 조약의 부속서로 채택된 표준과 관행 및 절차들을 준수한다.

제5장 청구권과 재산

제14조

(a) 일본이 전쟁 중 일본에 의해 발생한 피해와 고통에 대해 연합국에 배상해야 한다는 것은 인식된다. 그럼에도 불구하고, 일본이 생존 가능한 경제를 유지 하면서, 그러한 피해와 고통에 완전한 배상을 하는 동시에, 다른 의무들을 이행하기에는 일본의 자원이 현재 충분하지 않다는 것도 인식된다.

따라서,

1. 일본은 즉각 현재의 영토가 일본군에 의해 점령당한, 그리고 일본에 의해 피해입은 연합국에게 그들의 생산, 복구 및 다른 작업에 일본의 역무를 제공하는 등, 피해 복구비용의 보상을 지원하기 위한 협상을 시작한다. 그러한 협상은 다른 연합국에게 추가적인 부담을 부과하지 않아야 한다. 그리고 원자재의 제조가 필요하게 되는 경

우, 일본에 어떤 외환 부담이 돌아가지 않도록 원자재는 해당 연합국이 공급한다.

2. (I) 아래 (II)호의 규정에 따라, 각 연합국은 본 조약의 최초 효력 발생 시에 각 연합국의 관할 하에 있는 다음의 모든 재산과 권리 및 이익을 압수하거나, 보유하거나, 또는 처분할 권리를 가진다.

    (a) 일본 및 일본 국민

    (b) 일본 또는 일본 국민의 대리자 또는 대행자

    (c) 일본 또는 일본 국민이 소유하거나, 지배하는 단체

이 (I)호에서 명시하는 재산, 권리 및 이익은 현재 동결되었거나, 귀속되었거나, 연합국 적산관리 당국이 소유하거나, 관리하는 것들을 포함하는데, 그것들은 앞의 (a), (b) 또는 (c)에 언급된 사람이나, 단체에 속하거나, 그들을 대신해서 보유했거나, 관리했던 것들인 동시에 그러한 당국의 관리 하에 있던 것들이었다.

(II) 다음은 위의 (I)호에 명기된 권리로부터 제외된다.

    (i) 전쟁 중, 일본이 점령한 영토가 아닌, 어떤 연합국의 영토에 해당 정부의 허가를 받아 거주한 일본의 자연인 재산. 다만, 전쟁 중에 제한 조치를 받고서,

본 조약이 최초로 효력을 발생하는 날에 그러한 제한 조치로부터 해제되지 않은 재산은 제외한다.

(ii) 일본 정부 소유로 외교 및 영사 목적으로 사용한 모든 부동산과 가구 및 비품, 그리고 일본의 대사관 및 영사관 직원들이 소유한 것으로 통상적으로 대사관 및 영사관 업무를 수행하는 데 필요한 모든 개인용 가구와 용구 및 투자 목적이 아닌 개인 재산

(iii) 종교단체나 민간단체에 속하는 재산으로 종교적 또는 자선적 목적만으로 사용한 재산

(iv) 관련 국가와 일본 간에 1945년 9월 2일 이후에 재개된 무역 및 금융 관계에 의해 일본이 관할하게 된 재산과 권리 및 이익. 다만 관련 연합국의 법에 위반되는 거래로부터 발생한 것은 제외된다.

(v) 일본 또는 일본 국민의 채무, 일본에 소재하는 유형 재산에 관한 권리나 권원 또는 이익, 일본의 법률에 따라 조직된 기업에 관한 이익 또는 그것에 대한 증서, 다만 이 예외는 일본의 통화로 표시된 일본 및 일본 국민의 채무에만 적용한다.

(III) 앞에서 언급된 예외 (i)로부터 (v)까지의 재산은 그 보존 및 관리를 위한 합리적인 비용의 지불 조건으로 반환된다. 그러한 재산이 청산되었다면, 그 재산을 반환하는 대신에 그 매각 대금을 반환한다.

(IV) 앞에 나온 (I)호에 규정된 일본 재산을 압류하고, 유치하고, 청산하거나, 그외 어떠한 방법으로 처분할 권리는 해당 연합국의 법률에 따라 행사되며, 그 소유자는 그러한 법률에 의거 본인에게 주어질 권리만을 가진다.

(V) 연합국은 일본의 상표권과 문학 및 예술 재산권을 각국의 일반적 사정이 허용하는 한, 일본에 유리하게 취급하는 것에 동의한다.

(b) 본 조약에 특별한 규정이 있는 경우를 제외하고, 연합국은 연합국의 모든 배상청구권, 전쟁 수행 과정에서 일본 및 그 국민이 자행한 어떤 조치로부터 발생한 연합국 및 그 국민의 기타 청구권, 그리고 점령에 따른 직접적인 군사적 비용에 관한 연합국의 청구권을 포기한다.

제15조

(a) 본 조약이 일본과 해당 연합국 간에 효력이 발생한 지 9개월 이내에 신청이 있을 경우, 일본은 그 신청일로부터 6개월 이내에, 1941년 12월 7일부터 1945년 9월 2일까지 일본에 있던 각 연합국과 그 국민의 유형 및 무형 재산, 종류 여하를 불문한 모든 권리 또는 이익을 반환한다. 다만, 그 소유주가 강박이거나, 사기를 당하지 않고 자유로이 처분한 것은 제외한다. 그러한 재산은 전쟁으로 말미암아 부과될 수 있는 모든 부담금 및 과금을 지불하지 않는 동시에, 그 반환을 위한 어떤 과금도 지불하지 않고서 반환된다. 소유자나 그 소유자를 대신하여, 또는 그 소유자의 정부가 소정 기간 내에 반환을 신청하지 않는 재산은 일본 정부가 임의로 처분할 수 있다. 그러한 재산이 1941년 12월 7일에 일본 내에 존재하고 있었으나, 반환될 수 없거나 전쟁 결과로 손상이나 피해를 본 경우, 1951년 7월 13일에 일본 내각에서 승인된 연합국 재산보상법안이 정하는 조건보다 불리하지 않은 조건으로 보상된다.

(b) 전쟁 중에 침해된 공업 재산권에 대해서, 일본은 현재 모

두 수정되었지만, 1949년 9월 1일 시행 각령 제309호, 1950년 1월 28일 시행 각령 제12조 및 1950년 2월 1일 시행 각령 제9호에 의해 지금까지 주어진 것보다 불리하지 않은 이익을 계속해서 연합국 및 그 국민에게 제공한다. 다만, 그 연합국의 국민이 각령에 정해진 기한까지 그러한 이익을 제공해 주도록 신청한 경우에만 그러하다.

(c) (i) 1941년 12월 6일에 일본에 존재했던, 출판 여부를 불문하고, 연합국과 그 국민의 작품에 대해서, 문학과 예술의 지적 재산권이 그 날짜 이후로 계속해서 유효했음을 인정하고, 전쟁의 발발로 인해서 일본 국내법이나 관련 연합국의 법률에 의거 어떤 회의나 협정이 폐기 혹은 중지되었거나 상관없이, 그 날짜에 일본이 한쪽 당사자였던 그런 회의나 협정의 시행으로, 그 날짜 이후로 일본에서 발생했거나, 전쟁이 없었다면 발생했을 권리를 승인한다.

(ii) 그 권리의 소유자가 신청할 필요도 없이, 또 어떤 수수료의 지불이나 다른 어떤 형식에 구애됨이 없이, 1941년 12월 7일부터, 일본과 관련 연합국 간의 본 협정이 시행되는 날까지의 기간은 그런 권리의

정상적인 사용 기간에서 제외될 것이다. 그리고 그 기간은, 추가 6개월의 기간을 더해서, 일본에서 번역 판권을 얻기 위해서 일본어로 번역되어야 한다고 정해진 시간에서 제외될 것이다.

제16조

일본의 전쟁 포로로서 부당하게 고통을 겪은 연합국 군인들을 배상하는 한 가지 방식으로, 일본은 전쟁 기간 동안 중립국이었던 나라나, 연합국과 같이 참전했던 나라에 있는 연합국과 그 국민의 재산, 혹은 선택 사항으로 그것과 동등한 가치를, 국제적십자위원회에 이전해 줄 것이고, 국제적십자위원회는 그 재산을 청산해서 적절한 국내 기관에 협력기금을 분배하게 될 것이다. 공정하다고 판단될 수 있는 논리로, 과거 전쟁포로와 그 가족들의 권익을 위해서. (앞 문장의 일부분) 본 협정의 제14조(a)2(II)(ii)부터 (v)까지에 규정된 범위의 재산은, 본 협정이 시행되는 첫날, 일본에 거주하지 않는 일본 국민의 재산과 마찬가지로 이전 대상에서 제외될 것이다. 이 항의 이전 조항은 현재 일본 재정기관이 보유한 국제결재은행의 주식 19,770주에는 적용되지 않는다는 것도 동시에 양해

한다.

제17조

(a) 어떤 연합국이든지 요청하면, 연합국 국민의 소유권과 관련된 사건에서, 일본 정부는 국제법에 따라서 일본 상벌위원회의 결정이나 명령을 재검토하거나 수정해야 하고, 결정이나 명령을 포함해서, 이런 사건들의 기록을 포함한 모든 문서의 사본을 제공해야 한다. 원상 복구가 옳다는 재검토나 수정이 나온 사건에서는, 제15조의 조항이 관련 재산에 적용되어야 할 것이다.

(b) 일본 정부는 필요한 조치를 취해서, 일본과 관련 연합국 간의 본 협정이 시행되는 첫날로부터 일 년 이내에 언제라도, 어떤 연합국 국민이든지 1941년 12월 7일과 시행되는 날 사이에 일본 법정으로부터 받은 어떤 판결에 대해서도, 일본 관계 당국에 재심을 신청할 수 있도록 해야 하며, 이것은 그 국민이 원고나 피고로서 적절한 제청을 할 수 없는 어떤 소추에서라도 적용되어야 한다. 일본 정부는, 해당 국민이 그러한 어떤 재판으로 손해를 입었을 경우에는, 그 사람을 그 재판 전의 상태로

원상 복구시켜 주도록 하거나, 그 사람이 공정하고 정당한 구제를 받을 수 있도록 조치해야 한다.

제18조

(a) 전쟁 상태의 개입은, (채권에 관한 것을 포함한) 기존의 의무 및 계약으로부터 발생하는 금전상의 채무를 상환할 의무, 그리고 전쟁 상태 이전에 취득된 권리로서, 일본의 정부나, 그 국민이 연합국의 한 나라의 정부나, 그 국민에게, 또는 연합국의 한 나라의 정부나, 그 국민이 일본의 정부나, 그 국민에게 주어야 하는 권리에 영향을 미치지 않는다는 것을 인정한다. 그와 마찬가지로 전쟁 상태의 개입은 전쟁 상태 이전에 발생한 것으로, 연합국의 한 나라의 정부가 일본 정부에 대해, 또는 일본 정부가 연합국의 한 나라의 정부에 대해 제기하거나, 재제기할 수 있는 재산의 멸실이나, 손해 또는 개인적 상해나, 사망으로 인한 청구권을 검토할 의무에 영향을 미치는 것으로 간주되지 않는다. 이 항의 규정은 제14조에 의해 부여되는 권리를 침해하지 않는다.

(b) 일본은 전쟁 전의 대외 채무에 관한 책임, 뒤에 일본의

책임이라고 선언된 단체의 채무에 관한 책임을 질 것을 천명하면서, 빠른 시일 내 그러한 채무의지 불 재개에 대해 채권자들과 협상을 시작하고, 전쟁 전의 다른 청구권들과 의무들에 대한 협상을 촉진하며, 그에 따라 상환을 용이하게 하겠다는 의향을 표명한다.

제19조

(a) 일본은 전쟁으로부터 야기되었거나 전쟁으로 말미암아 일어난 조치로 인하여 발생한 연합군과 그들 국가에 대한 일본 및 일본 국민의 모든 청구권을 포기한다. 본 조약이 발효되기 전에 일본 영토 내에서 연합국의 군대나 당국으로부터 행해진 작전이나 조치들에 대한 모든 청구권을 포기한다.

(b) 앞에서 언급한 포기에는 1939년 9월 1일부터 본 조약의 효력 발생 시까지의 사이에 일본의 선박에 관해서 연합국이 취한 조치로부터 생긴 청구권은 물론, 연합국의 수중에 있는 일본 전쟁 포로와 민간인 피억류자에 관해서 생긴 모든 청구권 및 채권이 포함된다. 다만, 1945년 9월 2일 이후 어떤 연합국이 제정한 법률로 특별히 인정

된 일본인의 청구권은 포함되지 않는다.

(c) 일본 정부는 또한 상호 포기를 조건으로, 정부 간의 청구권 및 전쟁 중에 입은 멸실 또는 손해에 관한 청구권을 포함한 독일과 독일 국민에 대한 (채권을 포함한) 모든 청구권을 일본 정부와 일본 국민을 위해서 포기한다. 다만, (a) 1939년 9월 1일 이전에 체결된 계약 및 취득된 권리에 관한 청구권, (b) 1945년 9월 2일 후에 일본과 독일 간의 무역 및 금융의 관계로부터 생긴 청구권은 제외한다. 그러한 포기는 본 조약 제16조 및 제20조에 따라 취해진 조치들에 저촉되지 않는다.

(d) 일본은 점령 당국의 지시에 따라 또는 그 지시의 결과로 점령 기간 동안 행해졌거나 당시의 일본법에 의해 인정된 모든 작위 또는 부작위 행위의 효력을 인식하며, 연합국 국민에게 그러한 작위 또는 부작위로부터 발생하는 민사 또는 형사 책임을 묻는 어떤 조치도 취하지 않는다.

제20조

일본은 (그 재산의 처분을 위해 1945년 베를린 회의의 협약의정서에서 부여된 권원에 따라서 결정되었거나 결정될) 일본 내의 독일 재산을 처분할 수 있도록 보장하기 위해 필요한 모든 조치를 한다. 그리고 그러한 재산이 최종적으로 처분될 때까지 그 보존 및 관리에 대한 책임을 진다.

제21조

본 조약 제25조의 규정에도 불구하고, 중국은 제10조 및 제14조(a)2의 이익을 받을 권리를 가지며, 한국은 본 조약의 제2조, 제9조 및 제12조의 이익을 받을 권리를 가진다.

제6장 분쟁의 해결

제22조

본 조약의 어떤 당사국의 입장으로 볼 때 (특별 청구권 재판소의 사례나, 다른 합의된 방법으로 해결되지 않는) 본 조약의 해석 또는 실행에 관한 분쟁이 발생한 경우, 그러한 분쟁은 어떤 분쟁 당사국의 요청에 의해 그러한 분쟁에 대한 결정을 얻기 위해 국제사법재판소로 회부 된다. 일본과 아직 국제사법재판소에 속하지 아니한 연합국 소속은, 각각 본 조약을 비준할 때 (그리고 1946년 10월 15일의 국제연합안전보장이사회의 결의에 따라), (특별한 합의 없이) 이 조항에서 말하는 모든 분쟁에 대한 국제사법재판소의 전반적인 관할권을 수락하는 일반 선언서를 동 재판소 서기에 기탁한다.

제7장 최종 조항

제23조

(a) 본 조약은 (일본을 포함하여) 본 조약에 서명하는 나라에 의해 비준된다. 본 조약은 비준서가 일본에 의해 기탁되고, (그리고 호주, 캐나다, 실론, 프랑스, 인도네시아, 네덜란드, 뉴질랜드, 필리핀, 영국과 북아일랜드, 그리고 미국 중) 가장 중요한 점령국인 미국을 포함한 과반수에 의해 기탁되었을 때, 그것을 비준한 모든 나라에서 효력이 발생한다. 본 조약은 비준한 즉시 각 나라에서 효력이 발생한다.

(b) 일본이 비준서를 기탁한 후 9개월 이내에 본 조약이 발효되지 않는다면, 본 조약을 비준한 나라는 모두 일본이 비준서를 기탁한 후 3년 이내에 일본 정부 및 미국

정부에 취지를 통고함으로써 자국과 일본과 사이에 본 조약을 발효시킬 수 있다.

제24조

모든 비준서는 미국 정부에 기탁해야 한다. 미국 정부는 각 나라의 기탁, 제23조(a)에 의거한 본 조약의 효력 발생일, 제23조(b)에 따라 행해지는 통고를 모든 서명국에 통지한다.

제25조

본 조약의 적용에서, 연합국이란 일본과 전쟁하고 있던 나라들이나 (이전에 제23조에 규정된 나라의 영토 일부를 이루고 있었던) 어떤 나라를 말하며, 각 경우 관련된 나라가 본 조약에 서명하고 비준을 해야 한다. 본 조약은 제21조의 규정에 따라, 여기에 규정된 연합국이 아닌 나라에 대해서는 어떠한 권리나, 권원 또는 이익을 주지 않는다. 아울러 본 조약에 연합국으로 규정되지 않은 나라의 조약 비준 준비로 인해 일본의 권리나, 권원 또는 이익이 제한되거나, 훼손되지 않는다.

제26조

일본은 1942년 1월 1일의 국제연합 선언문에 서명하거나 동의하는 국가, 일본과 전쟁 상태에 있는 국가, 또는 이전에 (본 조약의 서명국이 아닌) 제23조에 명명된 어떤 국가의 영토 일부를 이루고 있던 나라와 본 조약에 규정된 것과 동일하거나 실질적으로 동일 조건으로 양자 간의 평화조약을 체결할 준비를 해야 한다. 다만, 이러한 일본의 의무는 본 조약이 최초로 발효된 지 3년 뒤에 만료된다. 일본이 본 조약이 제공하는 것보다 더 많은 이익을 주는 어떤 국가와 평화적인 해결을 하거나, 전쟁 청구권을 처리할 경우, 그러한 이익은 본 조약의 당사국에게도 적용되어야 한다.

제27조

본 조약은 미국 정부의 기록보관소에 저장된다. 미국 정부는 인증된 등본을 각 서명국에 교부한다.

이상의 서명인 전권대표는 본 조약에 서명했다.
1951년 9월 8일, 샌프란시스코시에서 동일 자격의 정문인 영어, 프랑스어 및 스페인어로, 그리고 일본어로 작성되었다.

TREATY OF PEACE WITH JAPAN

WHEREAS the Allied Powers and Japan are resolved that henceforth their relations shall be those of nations which, as sovereign equals, cooperate in friendly association to promote their common welfare and to maintain international peace and security, and are therefore desirous of concluding a Treaty of Peace which will settle questions still outstanding as a result of the existence of a state of war between them;

WHEREAS Japan for its part declares its intention to apply for membership in the United Nations and in all circumstances to conform to the principles of the Charter of the United Nations; to strive to realize the objectives of the Universal Declaration of Human Rights; to seek to create within Japan conditions of stability and well-being as defined in Articles 55 and 56 of the Charter of the United Nations and already initiated by post-surrender

Japanese legislation; and in public and private trade and commerce to conform to internationally accepted fair practices;

WHEREAS the Allied Powers welcome the intentions of Japan set out in the foregoing paragraph;

THE ALLIED POWERS AND JAPAN have therefore determined to conclude the present Treaty of Peace, and have accordingly appointed the undersigned Plenipotentiaries, who, after presentation of their full powers, found in good and due form, have agreed on the following provisions:

CHAPTER I
PEACE

Article 1

(a) The state of war between Japan and each of the Allied Powers is terminated as from the date on which the present Treaty comes into force between Japan and the Allied Power concerned as provided for in Article 23.

(b) The Allied Powers recognize the full sovereignty of the Japanese people over Japan and its territorial waters.

CHAPTER II
TERRITORY

Article 2

(a) Japan recognizing the independence of Korea, renounces all right, title and claim to Korea, including the islands of Quelpart, Port Hamilton and Dagelet.

(b) Japan renounces all right, title and claim to Formosa and the Pescadores.

(c) Japan renounces all right, title and claim to the Kurile Islands, and to that portion of Sakhalin and the islands adjacent to it over which Japan acquired sovereignty as a consequence of the Treaty of Portsmouth of 5 September 1905.

(d) Japan renounces all right, title and claim in connection with the League of Nations Mandate System, and accepts the action of the United Nations Security Council of 2 April 1947, extending the trusteeship system to the Pacific Islands formerly under mandate to Japan.

(e) Japan renounces all claim to any right or title to or interest in connection with any part of the Antarctic area, whether deriving from the activities of Japanese nationals or otherwise.

(f) Japan renounces all right, title and claim to the Spratly Islands and to the Paracel Islands.

Article 3

Japan will concur in any proposal of the United States to the United Nations to place under its trusteeship system, with the United States as the sole administering authority, Nansei Shoto south of 29 deg. north latitude (including the Ryukyu Islands and the Daito Islands), Nanpo Shoto south of Sofu Gan (including the Bonin Islands, Rosario Island and the Volcano Islands) and Parece Vela and Marcus Island. Pending the making of such a proposal and affirmative action thereon, the United States will have the right to exercise all and any powers of administration, legislation and jurisdiction over the territory and inhabitants of these islands, including their territorial waters.

Article 4

(a) Subject to the provisions of paragraph (b) of this Article, the disposition of property of Japan and of its nationals in the areas referred to in Article 2, and their claims, including debts, against the authorities presently administering such areas and the residents (including juridical persons) thereof, and the disposition in Japan of property of such authorities and residents, and of claims, including debts, of such authorities and residents against Japan and its nationals, shall be the subject of special arrangements between Japan and such authorities. The property of any of the Allied Powers or its nationals in the areas referred to in Article 2 shall, insofar as this has not already been done, be returned by the administering authority in the condition in which it now exists. (The term nationals whenever used in the present Treaty includes juridical persons.)

(b) Japan recognizes the validity of dispositions of property of Japan and Japanese nationals made by or pursuant to directives of the United States Military Government in any of the areas referred to in Articles 2 and 3.

(c) Japanese owned submarine cables connection Japan with territory removed from Japanese control pursuant to the present Treaty shall be equally divided, Japan retaining the Japanese terminal and adjoining half of the cable, and the detached territory the remainder of the cable and connecting terminal facilities.

CHAPTER III
SECURITY

Article 5

(a) Japan accepts the obligations set forth in Article 2 of the Charter of the United Nations, and in particular the obligations

   (i) to settle its international disputes by peaceful means in such a manner that international peace and security, and justice, are not endangered;

   (ii) to refrain in its international relations from the threat or use of force against the territorial integrity or political independence of any State or in any other manner inconsistent with the Purposes of the United Nations;

(iii) to give the United Nations every assistance in any action it takes in accordance with the Charter and to refrain from giving assistance to any State against which the United Nations may take preventive or enforcement action.

(b) The Allied Powers confirm that they will be guided by the principles of Article 2 of the Charter of the United Nations in their relations with Japan.

(c) The Allied Powers for their part recognize that Japan as a sovereign nation possesses the inherent right of individual or collective self-defense referred to in Article 51 of the Charter of the United Nations and that Japan may voluntarily enter into collective security arrangements.

Article 6

(a) All occupation forces of the Allied Powers shall be

withdrawn from Japan as soon as possible after the coming into force of the present Treaty, and in any case not later than 90 days thereafter. Nothing in this provision shall, however, prevent the stationing or retention of foreign armed forces in Japanese territory under or in consequence of any bilateral or multilateral agreements which have been or may be made between one or more of the Allied Powers, on the one hand, and Japan on the other.

(b) The provisions of Article 9 of the Potsdam Proclamation of 26 July 1945, dealing with the return of Japanese military forces to their homes, to the extent not already completed, will be carried out.

(c) All Japanese property for which compensation has not already been paid, which was supplied for the use of the occupation forces and which remains in the possession of those forces at the time of the coming into force of the present Treaty, shall be returned to the Japanese Government within the same 90 days unless other arrangements are made by mutual agreement.

CHAPTER IV
POLITICAL AND ECONOMIC CLAUSES

Article 7

(a) Each of the Allied Powers, within one year after the present Treaty has come into force between it and Japan, will notify Japan which of its prewar bilateral treaties or conventions with Japan it wishes to continue in force or revive, and any treaties or conventions so notified shall continue in force or by revived subject only to such amendments as may be necessary to ensure conformity with the present Treaty. The treaties and conventions so notified shall be considered as having been continued in force or revived three months after the date of notification and shall be registered with the Secretariat of the United Nations. All such treaties and conventions as to which Japan is not so notified shall be regarded as abrogated.

(b) Any notification made under paragraph (a) of this Article may except from the operation or revival of a treaty or convention any territory for the international relations of which the notifying Power is responsible, until three months after the date on which notice is given to Japan that such exception shall cease to apply.

Article 8

(a) Japan will recognize the full force of all treaties now or hereafter concluded by the Allied Powers for terminating the state of war initiated on 1 September 1939, as well as any other arrangements by the Allied Powers for or in connection with the restoration of peace. Japan also accepts the arrangements made for terminating the former League of Nations and Permanent Court of International Justice.

(b) Japan renounces all such rights and interests as it may derive from being a signatory power of the Conventions of St. Germain-en-Laye of 10 September 1919, and the Straits Agreement of Montreux of 20 July 1936, and from Article 16 of the Treaty of Peace with Turkey signed at Lausanne on 24 July 1923.

(c) Japan renounces all rights, title and interests acquired under, and is discharged from all obligations resulting from, the Agreement between Germany and the Creditor Powers of 20 January 1930 and its Annexes, including the Trust Agreement, dated 17 May 1930, the Convention of 20 January 1930, respecting the Bank for International Settlements; and the Statutes of the Bank for International Settlements. Japan will notify to the Ministry of Foreign Affairs in Paris within six months of the first coming into force of the present Treaty its renunciation of the rights, title and interests referred to in this paragraph.

Article 9

Japan will enter promptly into negotiations with the Allied Powers so desiring for the conclusion of bilateral and multilateral agreements providing for the regulation or limitation of fishing and the conservation and development of fisheries on the high seas.

Article 10

Japan renounces all special rights and interests in China, including all benefits and privileges resulting from the provisions of the final Protocol signed at Peking on 7 September 1901, and all annexes, notes and documents supplementary thereto, and agrees to the abrogation in respect to Japan of the said protocol, annexes, notes and documents.

Article 11

Japan accepts the judgments of the International Military Tribunal for the Far East and of other Allied War Crimes Courts both within and outside Japan, and will carry out the sentences imposed thereby upon Japanese nationals imprisoned in Japan. The power to grant clemency, to reduce sentences and to parole with respect to such prisoners may not be exercised except on the decision of the Government or Governments which imposed the sentence in each instance, and on recommendation of Japan. In the case of persons sentenced by the International Military Tribunal for the Far East, such power may not be exercised except on the decision of a majority of the Governments represented on the Tribunal, and on the recommendation of Japan.

Article 12

(a) Japan declares its readiness promptly to enter into negotiations for the conclusion with each of the

Allied Powers of treaties or agreements to place their trading, maritime and other commercial relations on a stable and friendly basis.

(b) Pending the conclusion of the relevant treaty or agreement, Japan will, during a period of four years from the first coming into force of the present Treaty

  (1) accord to each of the Allied Powers, its nationals, products and vessels

    (i) most-favoured-nation treatment with respect to customs duties, charges, restrictions and other regulations on or in connection with the importation and exportation of goods;

    (ii) national treatment with respect to shipping, navigation and imported goods, and with respect to natural and juridical persons and their interests - such treatment to include all matters pertaining to the levying and collection of taxes, access to the courts, the making and performance of contracts, rights to property (tangible and intangible), participating in juridical entities constituted under Japanese law, and generally the conduct of all kinds of business and professional activities;

(2) ensure that external purchases and sales of Japanese state trading enterprises shall be based solely on commercial considerations.

(c) In respect to any matter, however, Japan shall be obliged to accord to an Allied Power national treatment, or most-favored-nation treatment, only to the extent that the Allied Power concerned accords Japan national treatment or most-favored-nation treatment, as the case may be, in respect of the same matter. The reciprocity envisaged in the foregoing sentence shall be determined, in the case of products, vessels and juridical entities of, and persons domiciled in, any non-metropolitan territory of an Allied Power, and in the case of juridical entities of, and persons domiciled in, any state or province of an Allied Power having a federal government, by reference to the treatment accorded to Japan in such territory, state or province.

(d) In the application of this Article, a discriminatory measure shall not be considered to derogate from the grant of national or most-favored-nation treatment, as the case may be, if such measure is based on an exception customarily provided for in the commercial treaties of the party applying it, or on the need to safeguard that party's external financial position or balance of payments(except in respect to shipping and navigation), or on the need to maintain its essential security interests, and provided such measure is proportionate to the circumstances and not applied in an arbitrary or unreasonable manner.

(e) Japan's obligations under this Article shall not be affected by the exercise of any Allied rights under Article 14 of the present Treaty; nor shall the provisions of this Article be understood as limiting the undertakings assumed by Japan by virtue of Article 15 of the Treaty.

Article 13

(a) Japan will enter into negotiations with any of the Allied Powers, promptly upon the request of such Power or Powers, for the conclusion of bilateral or multilateral agreements relating to international civil air transport.

(b) Pending the conclusion of such agreement or agreements, Japan will, during a period of four years from the first coming into force of the present Treaty, extend to such Power treatment not less favorable with respect to air-traffic rights and privileges than those exercised by any such Powers at the date of such coming into force, and will accord complete equality of opportunity in respect to the operation and development of air services.

c) Pending its becoming a party to the Convention on

International Civil Aviation in accordance with Article 93 thereof, Japan will give effect to the provisions of that Convention applicable to the international navigation of aircraft, and will give effect to the standards, practices and procedures adopted as annexes to the Convention in accordance with the terms of the Convention.

CHAPTER V
CLAIMS AND PROPERTY

Article 14

(a) It is recognized that Japan should pay reparations to the Allied Powers for the damage and suffering caused by it during the war. Nevertheless it is also recognized that the resources of Japan are not presently sufficient, if it is to maintain a viable economy, to make complete reparation for all such damage and suffering and at the same time meet its other obligations.

Therefore,

1. Japan will promptly enter into negotiations with Allied Powers so desiring, whose present territories were occupied by Japanese forces and damaged by Japan, with a view to assisting to compensate those countries for the cost of repairing the damage done, by making available the services of the Japanese people in production, salvaging and other work for the Allied Powers in question. Such arrangements shall avoid the imposition of additional liabilities on other Allied Powers, and, where the manufacturing of raw materials is called for, they shall be supplied by the Allied Powers in question, so as not to throw any foreign exchange burden upon Japan.

2. (I) Subject to the provisions of subparagraph (II) below, each of the Allied Powers shall have the right to seize, retain, liquidate or otherwise dispose of all

property, rights and interests of which on the first coming into force of the present Treaty were subject to its jurisdiction.

(a) Japan and Japanese nationals,

(b) persons acting for or on behalf of Japan or Japanese nationals, and

(c) entities owned or controlled by Japan or Japanese nationals,

The property, rights and interests specified in this subparagraph shall include those now blocked, vested or in the possession or under the control of enemy property authorities of Allied Powers, which belong to, or were held or managed on behalf of, any of the persons or entities mentioned in (a), (b) or (c) above at the time such assets came under the controls of such authorities.

(II) The following shall be excepted from the right specified in subparagraph (I) above:

(i) property of Japanese natural persons who

during the war resided with the permission of the Government concerned in the territory of one of the Allied Powers, other than territory occupied by Japan, except property subjected to restrictions during the war and not released from such restrictions as of the date of the first coming into force of the present Treaty;

(ii) all real property, furniture and fixtures owned by the Government of Japan and used for diplomatic or consular purposes, and all personal furniture and furnishings and other private property not of an investment nature which was normally necessary for the carrying out of diplomatic and consular functions, owned by Japanese diplomatic and consular personnel;

(iii) property belonging to religious bodies or private charitable institutions and used exclusively for religious or charitable purposes;

(iv) property, rights and interests which have come

within its jurisdiction in consequence of the resumption of trade and financial relations subsequent to 2 September 1945, between the country concerned and Japan, except such as have resulted from transactions contrary to the laws of the Allied Power concerned;

(v) obligations of Japan or Japanese nationals, any right, title or interest in tangible property located in Japan, interests in enterprises organized under the laws of Japan, or any paper evidence thereof; provided that this exception shall only apply to obligations of Japan and its nationals expressed in Japanese currency.

(III) Property referred to in exceptions (i) through (v) above shall be returned subject to reasonable expenses for its preservation and administration. If any such property has been liquidated the proceeds shall be returned instead.

(IV) The right to seize, retain, liquidate or otherwise

dispose of property as provided in subparagraph (I) above shall be exercised in accordance with the laws of the Allied Power concerned, and the owner shall have only such rights as may be given him by those laws.

(V) The Allied Powers agree to deal with Japanese trademarks and literary and artistic property rights on a basis as favorable to Japan as circumstances ruling in each country will permit.

(b) Except as otherwise provided in the present Treaty, the Allied Powers waive all reparations claims of the Allied Powers, other claims of the Allied Powers and their nationals arising out of any actions taken by Japan and its nationals in the course of the prosecution of the war, and claims of the Allied Powers for direct military costs of occupation.

Article 15

(a) Upon application made within nine months of the

coming into force of the present Treaty between Japan and the Allied Power concerned, Japan will, within six months of the date of such application, return the property, tangible and intangible, and all rights or interests of any kind in Japan of each Allied Power and its nationals which was within Japan at any time between 7 December 1941 and 2 September 1945, unless the owner has freely disposed thereof without duress or fraud. Such property shall be returned free of all encumbrances and charges to which it may have become subject because of the war, and without any charges for its return. Property whose return is not applied for by or on behalf of the owner or by his Government within the prescribed period may be disposed of by the Japanese Government as it may determine. In cases where such property was within Japan on 7 December 1941, and cannot be returned or has suffered injury or damage as a result of the war, compensation will be made on terms not less favorable than the terms provided in the draft Allied Powers Property Compensation Law approved by the Japanese Cabinet on 13 July 1951.

(b) With respect to industrial property rights impaired during the war, Japan will continue to accord to the Allied Powers and their nationals benefits no less than those heretofore accorded by Cabinet Orders No. 309 effective 1 September 1949, No. 12 effective 28 January 1950, and No. 9 effective 1 February 1950, all as now amended, provided such nationals have applied for such benefits within the time limits prescribed therein.

(c) (i) Japan acknowledges that the literary and artistic property rights which existed in Japan on 6 December 1941, in respect to the published and unpublished works of the Allied Powers and their nationals have continued in force since that date, and recognizes those rights which have arisen, or but for the war would have arisen, in Japan since that date, by the operation of any conventions and agreements to which Japan was a party on that date, irrespective of whether or not such conventions or agreements were abrogated or suspended upon or since the outbreak of war by the domestic law of Japan or of the Allied Power concerned.

(ii) Without the need for application by the proprietor of the right and without the payment of any fee or compliance with any other formality, the period from 7 December 1941 until the coming into force of the present Treaty between Japan and the Allied Power concerned shall be excluded from the running of the normal term of such rights; and such period, with an additional period of six months, shall be excluded from the time within which a literary work must be translated into Japanese in order to obtain translating rights in Japan.

Article 16

As an expression of its desire to indemnify those members of the armed forces of the Allied Powers who suffered undue hardships while prisoners of war of Japan, Japan will transfer its assets and those of its nationals in countries which were neutral during the war, or which were at war with any of the Allied Powers, or, at its option, the equivalent of such assets, to the International Committee of the Red Cross which shall liquidate such assets and distribute the resultant fund to appropriate national agencies, for the benefit of former prisoners of war and their families on such basis as it may determine to be equitable. The categories of assets described in Article 14(a)2(II)(ii) through (v) of the present Treaty shall be excepted from transfer, as well as assets of Japanese natural persons not residents of Japan on the first coming into force of the Treaty. It is equally understood that the transfer provision of this Article has no application to the 19,770 shares in the Bank for International Settlements presently owned by Japanese financial institutions.

Article 17

(a) Upon the request of any of the Allied Powers, the Japanese Government shall review and revise in conformity with international law any decision or order of the Japanese Prize Courts in cases involving ownership rights of nationals of that Allied Power and shall supply copies of all documents comprising the records of these cases, including the decisions taken and orders issued. In any case in which such review or revision shows that restoration is due, the provisions of Article 15 shall apply to the property concerned.

(b) The Japanese Government shall take the necessary measures to enable nationals of any of the Allied Powers at any time within one year from the coming into force of the present Treaty between Japan and the Allied Power concerned to submit to the appropriate Japanese authorities for review any judgment given by a Japanese court between 7 December 1941 and such coming into force, in any proceedings in which any such national was unable to make adequate presentation of his case either as plaintiff or defendant. The Japanese Government shall provide that, where the national has suffered injury by reason of any such judgment, he shall be restored in the position in which he was before the judgment was given or shall be afforded such relief as may be just and equitable in the circumstances.

Article 18

(a) It is recognized that the intervention of the state of war has not affected the obligation to pay pecuniary debts arising out of obligations and contracts (including those in respect of bonds) which existed and rights which were acquired before the existence of a state of war, and which are due by the Government or nationals of Japan to the Government or nationals of one of the Allied Powers, or are due by the Government or nationals of one of the Allied Powers to the Government or national sof Japan. The intervention of a state of war shall equally not be regarded as affecting the obligation to consider on their merits claims for loss or damage to property or for personal injury or death which arose before the existence of a state of war, and which maybe presented or re-presented by the Government of one of the Allied Powers to the Government of Japan, or by the Government of Japan to any of the Governments of the Allied Powers. The provisions of this paragraph are without prejudice to the rights conferred by Article 14.

(b) Japan affirms its liability for the prewar external debt of the Japanese State and for debts of corporate bodies subsequently declared to be liabilities of the Japanese State, and expresses its intention to enter into negotiations at an early date with its creditors with respect to the resumption of payments on those debts; to encourage negotiations in respect to other prewar claims and obligations; and to facilitate the transfer of sums accordingly.

Article 19

(a) Japan waives all claims of Japan and its nationals against the Allied Powers and their nationals arising out of the war or out of actions taken because of the existence of a state of war, and waives all claims arising from the presence, operations or actions of forces or authorities of any of the Allied Powers in Japanese territory prior to the coming into force of the present Treaty.

(b) The foregoing waiver includes any claims arising out of actions taken by any of the Allied Powers with respect to Japanese ships between 1 September 1939 and the coming into force of the present Treaty, as well as any claims and debts arising in respect to Japanese prisoners of war and civilian internees in the hands of the Allied Powers, but does not include Japanese claims specifically recognized in the laws of any Allied Power enacted since 2 September 1945.

(c) Subject to reciprocal renunciation, the Japanese Government also renounces all claims (including debts) against Germany and German nationals on behalf of the Japanese Government and Japanese nationals, including intergovernmental claims and claims for loss or damage sustained during the war, but excepting (a) claims in respect of contracts entered into and rights acquired before 1 September 1939, and (b) claims arising out of trade and financial relations between Japan and Germany after 2 September 1945. Such renunciation shall not prejudice actions taken in accordance with Articles 16 and 20 of the present Treaty.

(d) Japan recognizes the validity of all acts and omissions

done during the period of occupation under or in consequence of directives of the occupation authorities or authorized by Japanese law at that time, and will take no action subjecting Allied nationals to civil or criminal liability arising out of such acts or omissions.

Article 20

Japan will take all necessary measures to ensure such disposition of German assets in Japan as has been or may be determined by those powers entitled under the Protocol of the proceedings of the Berlin Conference of 1945 to dispose of those assets, and pending the final disposition of such assets will be responsible for the conservation and administration thereof.

Article 21

Notwithstanding the provisions of Article 25 of the present Treaty, China shall be entitled to the benefits of Articles 10 and 14(a)2; and Korea to the benefits of Articles

2, 4, 9 and 12 of the present Treaty.

CHAPTER VI
SETTLEMENT OF DISPUTES

Article 22

If in the opinion of any Party to the present Treaty there has arisen a dispute concerning the interpretation or execution of the Treaty, which is not settled by reference to a special claims tribunal or by other agreed means, the dispute shall, at the request of any party thereto, be referred for decision to the International Court of Justice. Japan and those Allied Powers which are not already parties to the Statute of the International Court of Justice will deposit with the Registrar of the Court, at the time of their respective ratifications of the present Treaty, and in conformity with the resolution of the United Nations Security Council, dated 15 October 1946, a general declaration accepting the jurisdiction, without special agreement, of the Court generally in respect to all disputes of the character referred toin this Article.

CHAPTER VII
FINAL CLAUSES

Article 23

(a) The present Treaty shall be ratified by the States which sign it, including Japan, and will come into force for all the States which have then ratified it, when instruments of ratification have been deposited by Japan and by a majority, including the United States of America as the principal occupying Power, of the following States, namely Australia, Canada, Ceylon, France, Indonesia, the Kingdom of the Netherlands, New Zealand, Pakistan, the Republic of the Philippines, the United Kingdom of Great Britain and Northern Ireland, and the United States of America. The present Treaty shall come into force of each State which subsequently ratifies it, on the date of the deposit of its instrument of ratification.

(b) If the Treaty has not come into force within nine months after the date of the deposit of Japan's ratification, any State which has ratified it may bring the Treaty into force between itself and Japan by a notification to that effect given to the Governments of Japan and the United States of America not later than three years after the date of deposit of Japan's ratification.

Article 24

All instruments of ratification shall be deposited with the Government of the United States of America which will notify all the signatory States of each such deposit, of the date of the coming into force of the Treaty under paragraph (a) of Article 23, and of any notifications made under paragraph (b) of Article 23.

Article 25

For the purposes of the present Treaty the Allied Powers shall be the States at war with Japan, or any State which previously formed a part of the territory of a State named in Article 23, provided that in each case the State concerned has signed and ratified the Treaty. Subject to the provisions of Article 21, the present Treaty shall not confer any rights, titles or benefits on any State which is not an Allied Power as herein defined; nor shall any right, title or interest of Japan be deemed to be diminished or prejudiced by any provision of the Treaty in favour of a State which is not an Allied Power as so defined.

Article 26

Japan will be prepared to conclude with any State which signed or adhered to the United Nations Declaration of 1 January 1942, and which is at war with Japan, or with any State which previously formed a part of the territory of a State named in Article 23, which is not a signatory of the present Treaty, a bilateral Treaty of Peace on the same or substantially the same terms as are provided for in the present Treaty, but this obligation on the part of Japan will expire three years after the first coming into force of the present Treaty. Should Japan make a peace settlement or war claims settlement with any State granting that State greater advantages than those provided by the present Treaty, those same advantages shall be extended to the parties to the present Treaty.

Article 27

The present Treaty shall be deposited in the archives of the Government of the United States of America which shall furnish each signatory State with a certified copy thereof.

IN FAITH WHEREOF the undersigned Plenipotentiaries

have signed the present Treaty.

DONE at the city of San Francisco this eighth day of September 1951, in the English, French, and Spanish languages, all being equally authentic, and in the Japanese language.

참고문헌

참·고·문·헌

- 강준식. (2012). 독도의 진실. 서울:소담출판사.
- 고케츠 아츠시 저, 박현주 역. (2007). 부활하는 일본의 군국주의. 서울: 제이엔씨.
- 권오엽. (2009). 독도와 안용복. 대전광역시:충남대학교출판부.
- 권요엽. (2010). 히카에초우(控帳) 日本古文書의 獨島. 서울:책사랑.
- 권요엽, 오오니시토시테루 편역. (2011). 죽도문담(竹島文談). 파주:한국학술정보.
- 권혁성 역. (2013). 죽도고 (상) (하). 서울:인문사.
- 국회도서관. (2013). 일본 자료로 보는 독도. 서울:국회도서관.
- 김명기. (2012). 독도의 영유권과 국제재판. 파주:한국학술정보.
- 김명기. (2014). 독도의 영유권과 국제해양법. 영남대학교 독도연구소 연구 총서. 서울:선인.
- 김병렬. (2001). 독도 논쟁. 서울:다다미디어.
- 김선희. (2010). 다무라 세이자부로의 『시마네현 다케시마의 신연구』 번역 및 해제. 서울: 한국해양수산개발원.

- 김신. (2015). 일본법이 증명하는 한국령 독도. 고양:피엔시미디어.
- 김진욱. (2013). 동북아시아 도서영유권 분쟁의 법적 쟁점 및 해결방안에 관한 연구. 목포대학교 대학원 박사학위 논문.
- 김학준. (2010). 독도연구. 서울:동북아연구재단.
- 김호동. (2007). 독도·울릉도의 역사. 서울:경인문화사.
- 김호동. (2015). 안용복과 울릉도·독도. 서울:교우미디어.
- 나홍주. (1999). 독도의 영유권에 관한 연구:연합국최고사령관 훈령 제677호를 중심으로. 명지대학교 대학원 석사학위 논문.
- 다케우 치다케시 저, 송휘영·김수휘 역. (2013). 獨島=竹島 문제 '고유영토론'의 역사적 검토. 영남대학교 독도연구소 번역총서. 서울:선인.
- 동북아역사재단 편. (2009). 일본 국회 독도 관련 기록 모음집 I부 (1948-1976년). 서울:동북아역사재단.
- 동북아역사재단 편. (2009). 일본 국회 독도 관련 기록 모음집 II부 (1977-2007년). 서울:동북아역사재단.
- 마고사키 우케루 지음, 김충식 해제, 양기호 옮김. (2012). 일본의 영토 분쟁. 서울:메디치미디어.
- 민유기 외. (2011). 유럽의 독도 인식. 서울:동북아역사재단.
- 박병섭·나이토 세이추 지음, 호사카 유지 옮김. (2008). 독도=다케시마 논쟁. 서울:보고사.
- 박웅진. (1985). 미국의 초기 대일 점령정책과 천황제 파시즘의 해체에 관

한 연구. 동아대학교 대학원 박사학위 논문.
- 백창기. (2005). 사료로 본 동해와 독도. 성남:한국학중앙연구원 한국문화교류센터.
- 배진수 외. (2009). 독도 문제의 학제적 연구. 서울:동북아역사재단.
- 성삼제. (2016). 독도가 대한민국 영토인 이유. 파주:태학사.
- 신용하. (2006). 한국의 독도 영유권 연구. 서울:경인문화사.
- 신용하. (2011). 독도 영유권에 대한 일본 주장 비판. 서울:서울대학교출판문화원.
- 예영준. (2012). 독도실록 1905. 서울:책밭.
- 오오니시 토시테루 지음, 권정 옮김. (2011). 오오니시 토시테로의 독도개관. 서울:인문사.
- 와다 하루키 지음, 임경택 옮김. (2013). 동북아시아 영토 문제, 어떻게 해결할 것인가 대립에서 대화로. 파주:사계절출판사.
- 와다 하루키 외. (2015). 독도 문제는 일본에서 어떻게 논의되고 있는가. 서울:제이앤씨.
- 외교통상부 국제법률국. (2012). 독도문제개론. 서울:외교통상부.
- 윤석호 외. (2011). 동북아의 영토 문제:대결에서 화해로. 인천:인디에듀인디북스출판.
- 이기용. (2015). 정한론. 파주:살림출판사.
- 이동원. (2015). 독도 영유권의 국제법적 논거로서 식민지 국가 책임에 대

한 연구. 한국외국어대학교 대학원 박사학위 논문.
- 이성환. (2005). 전쟁국가 일본. 파주:살림출판사.
- 이원범. (2013). 한반도 분할의 역사. 성남:한국학중앙연구원출판부.
- 일본역사교과서왜곡대책반. (2001). 독일과 폴란드의 역사 및 지리 교과서 편찬을 위한 권고안 외. 서울:일본역사교과서왜곡대책반(교육인적자원부).
- 임춘수. (2015). 댜오위다오(釣魚島)/센카쿠열도(尖閣列島) 영유권 분쟁과 중화민국(中華民國)의 주권성(主權性) 분석. 경기대학교 정치전문대학원 박사학위 논문.
- 전충진. (2014). 독도에 살다. 서울:갈라파고스.
- 정갑용. (2013). 독도에 관한 국제법적 쟁점 연구. 서울:경인문화사.
- 정병준. (2010). 독도1947. 서울:돌베개.
- 정재민. (2013). 국제법과 함께 읽는 독도현대사. 파주:대한민국역사박물관, 나남.
- 정재정. (2014). 한일의 역사갈등과 역사대화. 서울:대한민국역사박물관.
- 정태만. (2012). 태정관 지령이 밝혀주는 독도의 진실. 서울:조선뉴스프레스.
- 최서면, 공로명, 박준우. (2013). 독도가 우리 땅인 이유. 서울:제이앤씨.
- 최장근. (2011). 일본의 독도 영유권 조작의 계보. 서울:제이앤씨.
- 최장근. (2014). 일본 의회 의사록이 인정하는 '다케시마'가 아닌 한국영

토 독도. 서울:제이엔씨.
- 하타노스미오 저, 심정명 역. (2014). 샌프란시스코 강화조약 체제와 역사문제. 서울:제이앤씨.
- 한국해양수산개발원. (2011). 독도사전. 서울:한국해양수산개발원.
- 호사카 유지. (2009). 우리역사 독도. 파주:성안당.
- 호사카 유지, 세종대 독도종합연구소. (2010). 대한민국 독도. 파주:성안당.
- 호카마 슈젠 저, 심우성 옮김. (2008). 오키나와의 역사와 문화. 서울:동문선.
- 홍성화 외. (2012). 전근대 일본의 영토인식. 서울:동북아역사재단.

- 川上健三. (昭和41). 竹島の歷史地理學的研究. 東京:古今書院.
- 川上健三 저, 권오엽 역. (2010). 日本의 獨島論理. 서울:백산자료원.

- 연합국최고사령관지령(SCAPIN : Supreme Command for Allied Powers Instruction Note) No.1-2204.

독도와 SCAPIN 677/1
일본 영토의 범위를 정의한 지령

초 판 1 쇄   2020년 3월 20일
초 판 2 쇄   2020년 4월 19일

지 은 이   성삼제
펴 낸 이   계원숙
펴 낸 곳   우리영토
디 자 인   디자인센터 산 032-424-0775
출판등록   제352-2006-00002
주   소   인천시 연수구 한나루로 86번길 36-3
전   화   032-832-4694, 010-8688-4694
전   송   dokdonee@naver.com

책값은 뒤표지에 표시되어 있습니다.
지은이와의 협의하에 인지를 붙이지 않습니다.

ISBN   978-89-92407-40-3